இரத்தம்

வி.எஸ்.ரோமா

Made with ❤ on the Notion Press Platform
www.notionpress.com

பொருளடக்கம்

1

குருதியகம்

━━━━━━ ✪ ━━━━━━

1. குருதிக் கொடை

யெகோவாவின் சாட்சிகள் (Jehovah's Witnesses) திரு-
விவிலியம் தங்களைக் குருதி மற்றும் குருதிப்பொருட்களை
உட்கொள்வதைத் தடை செய்வதாக நம்புகிறார்கள். எனவே
இவர்கள் உயிரைக் காப்பாற்ற வேண்டிய அவசர நிலையில்
கூட இரத்தம் மற்றும் இரத்தப் பொருட்களை ஏற்பதில்லை.
குருதி மட்டுமின்றி குருதியின் முக்கிய நான்கு பகுதிப்
பொருட்களான சிவப்பணு, வெள்ளையணு, இரத்தத் தட்டு,
பிளாஸ்மா இவற்றையும் இவர்கள் ஏற்றுக்கொள்ளவே மாட்-
டார்கள். ஆனால், இரத்தத்தின் இதர பகுதிப் பொருட்-
களான ஆல்புமின், நோய்எதிர் புரதம், இரத்த உறைதல்
கரணிகள் இவற்றை ஏற்பதில் எந்த விதக் கட்டுப்பாடு-
மில்லை.

இக்கொள்கை 1945இல் உருவாக்கப்பட்டதிலிருந்து
இன்று வரை சில மாறுதல்களைக் கண்டுள்ளது.

எனவே இவர்கள் குருதியில்லா அறுவை சிகிச்சையை
வலியுறுத்துவதோடு அது குறித்து விரிவான விளக்கங்களை
அளிக்கும் மையங்களையும் அமைத்துள்ளனர்.

இரத்ததானம் அல்லது குருதிக் கொடை (blood donation) என்பது ஒருவர் தனது இரத்தத்தை பிறருக்குப் பயன்படுத்திக் கொள்ளும் மனப்பான்மையுடன் தானமாக வழங்குவது ஆகும். ஓர் ஆரோக்கியமான மனிதனின் உடலில் 5 முதல் 6 லிட்டர் இரத்தம் உள்ளது. இரத்த தானம் செய்பவர் ஒரு நேரத்தில் 200, 300 மி.லி. இரத்தம் வரை கொடுக்கலாம். அவ்வாறு கொடுத்த இரத்தத்தின் அளவு இரண்டே வாரங்களில் நாம் உண்ணும் சாதாரண உணவிலேயே மீண்டும் உற்பத்தியாகிவிடும். மாதங்களுக்கு ஒரு முறை எந்த வித பாதிப்பும் இன்றி இரத்த தானம் செய்யலாம். இரத்த தானம் செய்வதற்கு 5, 10 நிமிடங்கள் போதும். உடலில் உள்ள ஒவ்வொரு இரத்த அணுவும் (செல்கள்) மூன்று மாத காலத்தில் தானாகவே அழிந்து மீண்டும் உற்பத்தியாகிறது. இரத்த அணு உற்பத்தி என்பது உடலில் எப்போதும் நடந்து கொண்டிருக்கும் பணி. எனவே இரத்த தானம் செய்வதால் உடலுக்கு பாதிப்போ, பலவீ-னமோ ஏற்பட வாய்ப்பில்லை.

இரத்ததானத்தின் தேவைகள் - அறுவை சிகிச்சையின் போதும், விபத்தின் போதும் அல்லது ஏதாவது ஒரு வழியில் ஒருவருக்கு ஏற்படும் இரத்த இழப்பை ஈடு செய்து அவரு-டைய உயிரைக் காக்கும் பொருட்டு இரத்த தானம் தேவைப்படுகிறது. சிலர் தன்னார்வத்துடன் இரத்த தானம் செய்ய முன் வருகின்றனர். சிலர் சமூக சேவை அமைப்பு-களின் வழிகாட்டுதலின் பேரில் இரத்த தானம் செய்து வரு-கின்றனர்.

ஒவ்வோர் ஆண்டும் நமது தேசத்தின் மொத்த தேவை சுமார் 4 கோடி யூனிட்கள் ஆகும் (1 யூனிட் இரத்தத்தின் அளவு 350 மில்லி லிட்டர் ஆகும்). ஆனால் கிடைக்கப்-படுவதோ வெறும் 40 லட்சம் யூனிட்கள் மட்டுமே.

இரத்தம் மனிதனின் வாழ்க்கையில் மிகவும் உயரிய பரி-சாகும். இரத்தத்திற்கு மாற்று எதுவும் இல்லை.

ஒவ்வொரு இரண்டு விநாடிகளுக்கும் யாரோ ஒருவருக்கு ரத்தம் தேவைப்படுகிறது.

ஒவ்வொரு நாளும் 38,000 க்கும் மேல் இரத்த கொடையாளிகள் தேவை.

பெரும்பாலும் தேவைப்படும் பிரிவு O ஆகும்

ஒவ்வொரு ஆண்டும் 1 மில்லியனுக்கும் மேல் புற்றுநோய் கண்டறியப்படுகிறது. இரத்தம் இவர்களில் பலருக்கு தேவைப்படலாம். கீமோதெரபி சிகிச்சையின் போது தினமும் தேவைப்படும்.

ஓர் ஒற்றை கார் விபத்தில் பாதிக்கப்பட்டவர்களுக்கு 100 யூனிட்களுக்கு மேல் இரத்தம் தேவைப்படலாம்.

இரத்ததானம் செய்வதற்கான தகுதிகள்

இரத்த தானம் செய்பவரின் வயது 18 வயது நிரம்பியவராகவும் 60 வயதினை மிகாதவராகவும் இருத்தல் அவசியம்.

இரத்த ஹிமோகுளோபின் அளவு 12 கிராமிற்கு குறையாமலும் 16 கிராமிற்கு மிகாமலும் இருக்க வேண்டும்.

இரத்த தானம் செய்வபரின் எடை 50 கிலோவிற்கு குறையாமல் இருக்க வேண்டும்.

ஆண், பெண் இருபாலரும் இரத்த தானம் செய்ய தகுதியுடையவர்கள்.

எந்த ஒரு தொற்றுநோய் பாதிப்பு ஏற்பட்டவராகவும் இருத்தல் கூடாது.

கடந்த ஓராண்டுக்குள் எந்த தடுப்பு மருந்தும் உபயோகப் படுத்தி இருத்தல் கூடாது.

இரத்த தானம் அளிப்போர் அடையும் நன்மைகள்

இரத்தப் பிரிவு, இரத்தத்தில் மஞ்சள் காமாலை, மலேரியா, பால்வினை நோய் மற்றும் எய்ட்ஸ் கிருமிகள் உள்ளதா என்று பரிசோதிக்கப்பட்டு இரத்த தானமளிப்பவர்களுக்குத் தெரிவிக்கப்படுகிறது.

இரத்த தானம் செய்வது பிறர்நலன் காப்பதற்கு மட்டுமல்ல தன் நலன் காப்பதற்கு மட்டுமல்ல தன்நலன் மேம்படுவதற்கும் உதவும்.

இரத்த தானம் செய்வது இயற்கையாக புதிய இரத்தம் உடலில் ஏற்றப்படுவதற்குச் சமம்.

தற்போதைய பல்வேறு ஆய்வுகளில் தொடர்ச்சியாக இரத்த தானம் செய்பவர்களுக்கு மாரடைப்பு (Heart attack) ஏற்படும் வாய்ப்பு குறைவு என்று கண்டறியப் பட்-டுள்ளது.

ஹிமோகுளோபின் (Heamoglobin) அளவினை கட்-டுப்படுத்தவும் சமச்சீராக பராமரிக்கவும் இரத்த தானம் பயன்படுகிறது.

இரத்த தானம் செய்வதன் மூலம் இரத்த அழுத்தம் சீராக பராமரிக்கப்படுகின்றது. இதன் மூலம் பலவிதமான நோய்கள் தவிர்க்கப்படுகின்றது.

இரத்ததானம் செய்வதன் மூலம் எந்த பின்விளைவுகளும் ஏற்படாது. மயக்கம் ஏற்படுதல் போன்றவை அனைத்தும் பயத்தினாலேயே என்பது தான் உண்மை.மயக்கம் ஏற்படின் உடனடியாக கால்களை மேலே தூக்கியவாறு தரையில் படுக்க வைக்க வேண்டும் அல்லது கால்களுக்கு இடையில் தலையினை வைத்தவாறு அமர வைக்க வேண்டும். இவ்-வாறு செய்வதன் மூலம் உடனடியாக பழைய நிலைக்கு திரும்பி விடுவர்.

தானம் பெறப்பட்ட இரத்தத்தை சேமித்து வைப்பதற்காக அரசு மருத்துவமனைகள், அரசால் அனுமதிக்கப்பட்ட தனி-யார் அமைப்புகள் மூலம் இரத்த வங்கிகள் செயல்படுத்தப்-பட்டு வருகின்றன. தமிழ்நாட்டில் குருதிக் கொடை குறித்த விழிப்புணர்வினைப் பொதுமக்களிடம் ஏற்படுத்தவும், குருதிக் கொடையளிக்க விரும்புபவர்களிடம் குருதியைத் தானமாகப் பெறவும் குளிரூட்டப்பட்ட குருதி சேமிப்பு ஊர்திகளும் பயன்படுத்தப்பட்டு வருகின்றன.

இந்தியாவில் சில தனியார் மருத்துவமனைகளில் நோயா-ளிகளின் தேவைகளுக்காக இரத்தம் பெறுவதற்கு ஏஜென்-டுகளை நியமிக்கிறார்கள். அவர்கள் பணத்திற்காக இரத்தம் கொடுப்பவர்களை வைத்திருக்கிறார்கள். நடைமுறைகளைப் பின்பற்றாமலும் இரத்தம் கொடுப்பவரின் கடைசியாக கொடுத்த தேதி, உடல் தகுதி போன்றவற்றையெல்லாம் பின்-பற்றுவதில்லை என்று விஜய் டிவி நீயா நானா நிகழ்ச்சி

ஒன்றில் அம்பலப்படுத்தியது.

சில சமூக அமைப்புகள் அவ்வப்போது இரத்தக்கொடை நிகழ்ச்சிகளை நடத்துகின்றன. அவற்றிலிருந்து பெறப்படும் இரத்தங்கள் முறையாக பராமரிக்கப்படாமல் வீணாவதாகவும் குற்றம்சாட்டப்படுகிறது.

0

குருதி என்பது விலங்கினங்களின், உடல் உயிரணுக்களுக்குத் தேவையான பொருட்களை எடுத்துச் செல்லும் சிறப்பான இயல்புகளைக் கொண்ட ஓர் உடல் திரவம் ஆகும். குருதியானது தமனி அல்லது நாடி, சிரை அல்லது நாளம் எனப்படும் குருதிக் கலன்கள் (blood vessels) ஊடாக உடலில் சுற்றியோடும். இதுவே முழுமையாக குருதிச் சுற்றோட்டத்தொகுதி என அழைக்கப்படுகின்றது. இது உடலுக்குத் தொடர்ந்து தேவைப்படும், இன்றியமையாத செந்நிற நீர்மப் பொருள். தமிழில் குருதியை அரத்தம், இரத்தம், உதிரம், எருவை, செந்நீர் என்ற பிறபெயர்களாலும் அழைப்பர்.

குருதியானது மூளைக்கும் மற்ற உறுப்புகளுக்கும் தேவையான ஆக்சிசன், ஊட்டச் சத்துக்கள் போன்றவற்றை உடல் கலங்களுக்கு எடுத்துச் செல்வதோடு அல்லாமல், அங்கே பெறப்படும் காபனீரொக்சைட்டு, லாக்டிக் அமிலம் போன்ற கழிவுகளை, கலங்களிலிருந்து அகற்றி எடுத்துச் செல்வதிலும் பங்கு கொள்ளும். குருதி ஓட்டத்தின் துணை இல்லாமல் உடலின் எப்பகுதியும் இயங்க முடியாது. குருதி ஓட்டம் நின்றால் உடல் இயங்குவது அற்றுவிடும்.

குருதி என்பது சிவப்பு அணுக்கள், வெள்ளை அணுக்கள், குருதிச் சிறுதட்டுக்கள் கொண்ட நீர்மப்பொருள். குருதியில் உள்ள திண்மப்பொருள்களின் அளவு 40% எனவும், நீர்மப்பொருள் 60% எனவும் கண்டுள்ளனர். திண்மப்பொருள்களில் பெரும்பாலானவை சிவப்பணுக்கள்தாம் (96%). வெள்ளை அணுக்கள் 3%, குருதிச் சிறுதட்டுக்கள்) 1%.

மனிதரின் உடலில் சுமார் 4-5 லிட்டர் குருதி ஓடும். 72 கிலோ கிராம் எடை உள்ள ஒருவரின் உடலில் சுமார் 4.5 லிட்டரும், 36 கி.கிராம் எடை உள்ள ஒரு சிறுவனின் உடலில் சுமார் சரிபாதி அளவு குருதியும், 4 கி.கிராம் உடைய ஒரு குழந்தையின் உடலில் சுமார் 300 மில்லி லிட்டரும் (0.3 லிட்டர் மட்டுமே) குருதி ஓடும். எனவே சிறு குழந்தைக்கு அடிபட்டால் ஏற்படும் குருதிப்பெருக்கினால் குருதியிழப்பு ஏற்படும்போது அது பெரிதும் தீங்கிழைக்க வல்லது. காற்றழுத்தம் குறைவாக இருக்கும் உயரமான இடங்களில் வாழ்பவர்களின் உடலில் குருதியின் அளவு சுமார் 1.9 லிட்டர் அதிகமாக இருக்கும்.

குருதி செப்பமுற இயங்க வேறு பல உறுப்புக்களும் துணைபுரிகின்றன. குருதி ஆக்சிசனை நுரையீரல் வழியாக பெறுகின்றது. பின்னர் குருதியோட்டம் திரும்பும் வழியில் கார்பனீரொக்சைட்டு வளிமத்தை நுரையீரல் பெற்று, வெளிவிடும் மூச்சின் வழியாக வெளியேற்றுகிறது.

குருதியின் கூறுகள்

சாதாரண குருதியின் கூறுகள்

கூறுஅளவு

செங்குழியக் கனவளவு %

45 ± 7 (38—52%) ஆண்களுக்கு

42 ± 5 (37—47%) பெண்களுக்கு

pH7.35—7.45

கார மிகை(mEq/L)−3 to +3

$PO_2$10—13 kPa (80—100 mm Hg)

$PCO_2$4.8—5.8 kPa (35—45 mm Hg)

HCO_3−21—27 mM

ஒக்சிசன் நிரம்பல் %

ஒக்சிசனேற்றியது: 98—99%

ஒக்சிசன் இறக்கியது: 75%

குருதியில் உள்ள குருதி நீர்மம் (blood plasma)

குருதி நீர்மம் (அல்லது குருதித் திரவவிழையம்) என்பது மஞ்சள் நிற (வைக்கோல் நிறம்) நீர்மம். இதுவே குருதியின் கன அளவில் 55% முதல் 65% ஆகும். குருதிநீர்மம் பெரும்பாலும் நீரால் ஆனது. இந்த மஞ்சள் நிற குருதி-நீர்மத்தில் சிவப்பணுக்களும் வெள்ளை அணுக்களும், குரு-திச் சிறுதட்டுக்களும் கூழ்மங்களாக (புதைமிதவிகளாக (colloids)) இருக்கின்றன. குருதிநீர்மம் பெரும்பாலும் நீரால் ஆனதெனினும், நூற்றுக்கணக்கான வேறு பொருட்-களும் உள்ளன. அவற்றுள் பல்வேறு புரதப்பொருள்கள் (proteins), உடல் செரித்த உணவுப்பொருட்கள், கழிவுப் பொருட்கள், உப்புபோன்ற தாதுப்பொருட்கள் சிலவாகும்.

குருதிநீர்மத்தில் உள்ள புரதப்பொருட்களில் ஆல்புமின் (albumin), நாரீனி (புரதம்) (fibrinogen), குளோபுலின் (globulin), என்பவை சில. ஆல்புமின் என்பது குருதியை குருதிக் குழாய்களுக்குள் (நாளங்களுக்குள்) இருக்க துணை புரிகின்றன. இதன் முக்கிய தொழில் குருதியில் சவ்வூடு பரவல் அழுத்தத்தைச் சீராக வைத்திருத்தல் ஆகும். இந்த வெண்ணி என்னும் ஆல்புமின் குறைந்தால், குருதி குழாய்-களில் இருந்து குருதி கசிந்து வெளியேறி அருகிலுள்ள இழையங்களினுள் சென்றுவிடும். இதனால் எடிமா (edema) என்னும் வீக்கம் ஏற்படும். நாரீனி என்னும் புரதம் இருப்பதால், அடிபட்டால் குருதி இறுகி குருதி உறைந்து, மேலதிக குருதிப்பெருக்கு ஏற்படுவது தடுக்கப்படும். இந்த நாரீனி இல்லையெனில் குருதி உறையாமை ஏற்படும். நுண்-குளியம் என்னும் மிகச்சிறு உருண்டை வடிவில் உள்ள புரதப்பொருள் பல உள்ளன, அதில், காமா (gamma) நுண்குளியம் என்பது பிறபொருளெதிரியாகும். இது நோந் எதிர்ப்பாற்றல் முறைமையின் பகுதியாக இருந்து, நோய்த்-தொற்றுக்களுக்கு எதிராகத் தொழிற்படும்.

குருதியிலுள்ள குருதி உயிரணுக்கள் - அலகிடு எதிர்-மின்னி நுண்ணோக்கி ஒன்றின் ஊடாகத் தெரியும், இடமி-ருந்து வலம், சாதாரண செங்குருதியணு, குருதிச் சிறுதட்டு, வெண்குருதியணு ஆகியவற்றின் தோற்றம்

குருதியிலுள்ள திண்ம நிலையில் காணப்படும் உயிர-
ணுக்களாகும். இவற்றில் செங்குருதியணுக்கள், வெண்குரு-
தியணுக்கள், குருதிச் சிறுதட்டுக்கள் என்பன காணப்படு-
கின்றன. குருதிக்குச் செந்நிறம் தருவது செங்குருதியணுக்-
கள். ஒரு மைக்ரோ லிட்டரில் (லிட்டரின் மில்லியனில்
ஒரு பகுதி) சுமார் 4 முதல் 6 மில்லியன் சிவப்பணுக்கள்
உள்ளன. ஒவ்வொரு சிவப்பணுவும் சுமார் 7 மைக்ரோ மீ
விட்டம் கொண்டது (ஒரு மைக்ரோ மீ = ஒரு மில்லி மீட்ட-
ரில் ஆயிரத்தில் ஒரு பங்கு). வெண்குருதியணுக்கள் நோய்
எதிர்ப்பாற்றல் முறைமையில் பங்கெடுக்கும். குருதிச் சிறுதட்-
டுக்கள் குருதி உறைதலில் மிக முக்கியமான பங்கெடுக்கும்.

மனிதனல்லாத முதுகெலும்பிகளில் குருதி – அனைத்து
பாலூட்டிகளினதும் குருதியின் பொதுவான மாதிரியை ஒத்தே
மனித குருதி இருக்கின்றது. இருப்பினும் உயிரணுக்களின்
எண்ணிக்கை, அளவு, புரதத்தின் வடிவம் போன்றவற்றின்
துல்லியமான விபரங்களில் வேறுபாட்டைக் கொண்டிருக்கி-
றது. இனங்களிடையே குருதி அமைப்பில் வேறுபாடு இருக்-
கின்றது. பாலூட்டி அல்லாத முதுகெலும்பிகளின் குருதியில்
முக்கியமான சில வேறுபாடுகள் உள்ளன.

பாலூட்டி அல்லாத முதுகெலும்பிகளில் உள்ள செங்குரு-
தியணுக்கள் தமது கருவைத் தக்கவைத்துக் கொள்வனவாக-
வும், தட்டையாகவும், முட்டையுருவிலும் இருக்கும்.

பாலூட்டி அல்லாத முதுகெலும்பிகளின் வெண்குருதிய-
ணுக்களில் உள்ள உயிரணுக்களின் வகையும், விகிதமும்
மனிதரில் இருந்து குறிப்பிடத்தக்க அளவு வேறுபாட்டைக்
கொண்டிருக்கும். முக்கியமாக மனிதரின் குருதியில் உள்-
ளதை விட அமிலநாடிகள் அதிகளவில் இருக்கும்.

பாலூட்டிகளில் உள்ள குருதிச் சிறுதட்டுக்கள் தனித்-
தன்மை கொண்டவை. ஏனைய முதுகெலும்பிகளில் குருதி
உறைதலுக்கு காரணமாக இருக்கும் உயிரணுக்கள் சிறிய-
வையாகவும், கருவைக் கொண்டவையாகவும், கதிர் போன்ற
அமைப்பைக் கொண்டவையாகவும் இருக்கும்.

உடலின் ஒவ்வொரு பகுதிக்கும் குருதிக்குழாய்கள் ஊடாக குருதியோட்டம் நிகழ்கின்றது. இதயம் ஒரு பாய்வு எக்கியாகச் செயற்படுவது குருதியின் சுற்றோட்டத்திற்கு இன்றியமையாதது ஆகும். மனிதரில் இடது இதயக் கீழ-றையில் இருந்து நாடிகள் மூலம் ஊட்டக்கூறும் ஆக்சிசனும் நிறைந்த குருதி எடுத்துச் செல்லப்படுகின்றது. பின்னர் உயி-ரணுக்களுக்கு ஒட்சிசன் விநியோகம் நடந்த பின்னர் ஒட்-சிசன் அகற்றப்பட்ட காபனீர் ஒட்சைட்டு செறிந்த குருதி மேற்பெருநாளம், கீழ்ப்பெருநாளம் வழியாக வலது இதய மேலறையை அடைகின்றது. இதயத்தைத் தவிர உடலின் அசைவின் போது தசைகள் நாளத்தை அழுத்துவதும் வலது இதய மேலறையை குருதி அடைவதற்குத் தேவையான-தொன்றாகும். இது தொகுதிச் சுற்றோட்டம் எனப்படுகின்றது. இக்குருதி தொடர்ந்து வலது இதயக் கீழறையில் இருந்து நுரையீரலை அடைந்து உட்சுவாசம் மூலம் உள்ளெடுக்கப்-படும் ஆக்ஸிஜன் கலக்கப்பட்டு இடது இதய மேலறையை அடைகின்றது, இது நுரையீரற் சுற்றோட்டம் எனப்படுகின்-றது.

குருதி உயிரணுக்களின் உருவாக்கமும், அழிவும் - குரு-திக் கலங்கள் பிரதானமாக செவ்வென்பு மச்சையிலேயே உருவாக்கப்படுகின்றன. அங்குள்ள தண்டுக் கலங்கள் படிப்-படியாக பல்வேறு வகை குருதிக் கலங்களாக வியத்தமடை-கின்றன. சிறு வயதில் உடலிலுள்ள அனேக செவ்வென்பு மச்சைப் பகுதிகள் இச்செயற்பாட்டில் ஈடுபட்டாலும், வளர்ந்-தோரில் பெரிய என்புகள், முள்ளென்பு உடல்கள், மார்-புப் பட்டை, விலா என்புகள் போன்ற சில என்புகளின் செவ்வென்பு மச்சையிலேயே குருதிக் குழியங்களின் உற்பத்தி நடைபெறும். பாலர் பருவத்தில் நிணநீர்க் குழியங்கள் கீழ்க் கழுத்துச் சுரப்பியில் T-நிணநீர்க் குழியங்களாக வியத்த-மடைகின்றன. முதிர் மூலவுருவாகக் கருப்பையில் இருந்த போது, ஈரலில் செங்குழியங்கள் உருவாக்கப்பட்டன. 120 நாட்கள் கொண்ட செங்குழியங்களின் வாழ்நாளின் பின் இவ்வாறு முதிர்ந்த செங்குழியங்களும், சேதமுற்ற செங்கு-

ழியங்களும் மண்ணீரலாலும், ஈரலின் கூப்பரின் கலங்களா-லும் அழிக்கப்படுகின்றன. அழிக்கப்படும் போது கலங்களின் கூறுகளாக உள்ள புரதம், இரும்பு, இலிப்பிட்டு போன்ற போசணைப் பொருட்கள் மீள் சுழற்சி செய்யப்படுகின்றன.

ஆக்சிசன் கடத்தல் - குருதியில் ஆக்சிசன் கொண்டு செல்லப்படுவதற்கு மிகவும் அத்தியாவசியமானது ஹீமோகு-ளோபின் அல்லது குருதிவளிக்காவி எனப்படும் ஒரு உலோ-கப் புரதம் ஆகும். ஏறத்தாழ 97 தொடக்கம் 98 வரை-யிலான விழுக்காடுகள் ஆக்சிசன் குருதிவளிக்காவியுடன் பிணைப்பில் ஈடுபட்டு எடுத்துச்செல்லப்படுகின்றது. மிகுதி விழுக்காடுகள் குருதி நீர்மத்துடன் கரைந்து எடுத்துச் செல்-லப்படுகின்றது.

காபனீரொக்சைட்டு கடத்தல்

ஐதரசன் அயனிகள் கடத்தல்

நிணநீர்த் தொகுதி

உடல்வெப்ப சீராக்கம்

நீரியல் தொழிற்பாடுகள்

முதுகெலும்பிலிகள்

குருதியின் வகைகள்

குருதியில் பல வகைகள் உள்ளன. அவையாவன:

A

B

AB

O

Duffy

Lutheran

Bombay

MN system

குருதியின் தொழில்கள்

பதார்த்தக் கொண்டு செல்லல்: சுவாச வாயுக்கள் (ஆக்-சிசன், காபனீரொக்சைட்டு), போசணைப் பதார்த்தங்கள், கழிவுப்பொருட்கள், ஓமோன்கள் ஆகியவற்றைக் கொண்டு செல்லல்.

வெப்பநிலைச் சீராக்கம்: உடலில் ஒரு பகுதியில் உருவாக்கப்படும் வெப்பத்தை உடல் முழுவதும் விநியோகித்து உடல் வெப்பநிலைச் சீராக்கத்தில் பங்கெடுக்கின்றது.

பாதுகாப்பு: வெண் குருதிக் கலங்கள் நோய் எதிர்ப்பாற்றல் முறைமையின் ஒரு பாகமாக அமைந்து உடலை நுண்ணங்கிகளிடமிருந்து பாதுகாக்கின்றது

மனிதனின் குருதி, உருப்பெருக்கம் x 600

தவளையின் குருதி, உருப்பெருக்கம் x 600

மீனின் குருதி, உருப்பெருக்கம் x 600

குருதிக் கூறுகள்

குருதிக் கொடை

விலங்கு இரத்ததை உணவாக குடிப்பது பற்றிய கருத்துக்கள்

செயற்கைக் குருதி

குருதியும் மத நம்பிக்கைகளும்

இரத்தத்திலுள்ள துணிக்கைகளின் பணி

இரத்தம்

உயிரினங்களின் உடல் இயக்கம் இரத்த ஓட்டத்தினால் நடைபெறுகின்றது என்றால் வியப்பில்லை. அதற்கான முக்கிய காரணம் இரத்தத்தில் அடங்கியுள்ள மூலப் பொருட்களின் சேவையே எனலாம். உடலின் உடற்செல்களுக்குத் தேவையான எரிபொருளை (ஆக்சிஜன்) சுமந்து செல்பவை இரத்தமே. செல்களில் உள்ள கழிவுகளை அகற்றுவதற்காக நுரையீரலுக்கு சுமந்துவரும் துப்புரவு பணியாளரும் இரத்தமே. இரத்தத்தில் பிளாஸ்மா எனும் திரவமும், இரத்த செல்கள் எனும் நுண்பொருட்களும் உள்ளன.

பிளாஸ்மா மஞ்சள் நிறம் கொண்டது. பிளாஸ்மாவில் ஆல்புமின், பைபிரினோஜென், குளோபுலின் எனும் 3 முக்கிய புரதப்பொருட்கள் உள்ளன. இந்த புரதப் பொருட்கள் குறைந்தால் பல்வேறு பாதிப்புகள் ஏற்படும். காயம்பட்ட இடத்தில் இரத்தம் கட்டியாக உறைய பைபிரினோஜென் அவசியம். குளோபுலின் தொற்று நோய்களை எதிர்த்து போராடும்.

மீண்டும் மீண்டும் தொற்று நோய் ஏற்படுபவர்களுக்கு குளோபுலின் புரதம் குறைந்திருக்கலாம். பிளாஸ்மா திரவத்தில் சிவப்பணுக்கள், வெள்ளையணுக்கள், பிளேட்லட் எனப்படும் ரத்தத்தட்டுகள் ஆகியன மிதக்கின்றன. சிவப்பணு இருபுறமும் குழிந்த தட்டுபோல இருக்கும். 7 மைக்ரான் அளவு விட்டம் கொண்டது.

ஒரு மைக்ரான் என்பது ஒரு மில்லிமீட்டரில் ஆயிரத்தில் ஒரு பங்காகும். நன்கு வளர்ச்சி அடைந்த மனிதனின் உடலில் 330 லட்சம் கோடி சிவப்பணுக்கள் இருக்கும் என்று கணக்கிடப்படுகிறது.

ஒரு வினாடியில் லட்சக்கணக்கான சிவப்பணுக்கள் பிறப்பதும், அழிவதுமாக உள்ளன. எலும்பு மஜ்ஜையில் இந்த சிவப்பணு பிறப்பு நிகழ்கிறது. 4 மாத காலம் ஆயுள் கொண்டது. அழியும் சிவப்பணுவின் புரதமும், இரும்பும் எலும்பு மஜ்ஜைக்கு திரும்பப்பட்டு புதிய சிவப்பணு உற்பத்திக்கு உதவுகிறது.

சிவப்பணுக்களில் உள்ள குளோபின் எனும் நிறமிப் பொருள் நுரையிரலில் ஆக்சிஜனை கிரகித்து உடல்செல்களுக்கு கொண்டு சேர்க்கிறது.

அத்துடன், உடற்செல்களில் இருந்து கார்பன்-டை-ஆக்சைடை எடுத்து வந்து நுரையீரலில் சேர்ப்பதும் இதுவே. உடலில் குளோபின் குறைவதால் ரத்தசோகை ஏற்படும். இது பல நோய்களுக்கு வழி வகுக்கும். வெள்ளையணுக்கள், சிவப்பணுவின் எண்ணிக்கையில் ஐம்பதில் ஒரு பங்குதான் காணப்படுகிறது.

இவை நோய் எதிர்ப்பு படையாக செயல்படுபவை. இதில் அதிகமாக காணுப்படும் நியூட்ரோபில்களே இந்த எதிர்ப்பு சக்தியை வழங்குகின்றன. பாக்டீரிய கிருமிகளை உண்டு அழிக்கும் ஆற்றலுடையவை நியூட்ரோ பில்கள். லிம்போசைட் எனப்படும் மற்றொரு வெள்ளையணுவின் பகுதிப்பொருள் ரத்தத்தில் அன்னியப் பொருட்களுக்கு எதிர்ப்புத்தன்மையை அதிகப்படுத்துகிறது.

பிறகு மானோசைட்டும், லிம்போசைட்டும் சேர்ந்து நோய் உண்டாக்கும் தீமைப் பொருட்களை அழிக்கின்றன. அதனால்தான் வெள்ளையணுக்களை உடலின் போர்வீரர்கள் என்று அழைக்கின்றார்கள்.

எல்லோருடைய இரத்தமும் சிவப்பு நிறமாக இருப்பதனால் அனைவரினது இரத்தமும் ஒரே வகை அல்ல. 1900 ஆம் ஆண்டில் டாக்டர். லான்ஸ்டைனர் என்பவர் ரத்தத் திலுள்ள பிரிவுகளைக் கண்டு பிடித்தார். இரத்தமானது பொதுவாக 4 வகைகளாகப் பிரிக்கப்படுகிறது. அவை

1. "A" வகை ரத்தம்,

2. "B" வகை ரத்தம்,

3. "AB" வகை ரத்தம்

4. "O" வகை ரத்தம். இவற்றில் "A" வகை ரத்தத்தை A1, B2 என்ற துணை வகைகளாகப் பிரிக்கப்படுகிறது.

இரத்தப் பிரிவுகளில்... A வகையினர் 42%மானவர்களும், B வகையினர் 8% மானவர்களும், AB வகையினர் 3% மானவர்களும், O வகையினர் 47% மானவர்களும் உலகில் காணப்பெறுகின்றனர்.

'O' வகை ரத்தமானது பொது இரத்த தானத்திற்குத் தகுதியானது அதனை "Universal Donor" என் பார்கள். ஏனென்றால் 'O' வகை ரத்தமுள்ளவர்கள் A, B, AB போன்ற ரத்த வகையினருக்கும் ரத்தம் கொடுக்கலாம்.

அது போன்று AB ரத்த வகையினரை Universal Recipient என்று அழைப்பார்கள். இவ்வகை ரத்தமுள்ளவர்களுக்கு O, A, B வகை ரத்தங்களில் எதனையும் செலுத்தலாம் (ஆயினும் அந்தந்த வகை ரத்ததிற்கு அந்தந்த வகை ரத்தம் செலுத்தும் முறை தான் சிறந்தது)

புதிய இரத்த வகைகள்

ரத்தப்பிரிவுகளைக் கண்டுபிடித்த பின்னர், ஒரே ரத்த வகையைத் தானம்செய்த போதிலும் பல எதிர்விளைவுகள் ஏற்பட்டன. அதன் காரணமாக மருத்துவ அறிஞர்கள் இரத்தம் சம்பந்தமான தொடர் ஆராய்ச்சிகளில் இறங்கினர். Rh

ரத்த வகையைக் கண்டுபிடித்தனர் A, B, AB, O இரத்த வகைகள் 1900லும், Rh ரத்த வகை கள் 1940-லும் கண்டுபிடிக்கப்பட்டன.

இந்தப் புதிய ரத்த வகையானது Rhesus என்ற குரங்கிலிருந்து கண்டுபிடிக்கப்பட்டது. அதனால் Rh-group என்று பெயரிடப் பட்டது. இது Rh — positive group என்றும் Rh — negative group என்றும் பிரிக்கப்பட்டது.

இதன் பின்னர்... A வகை ரத்தம் உள்ள ஒருவருக்கு A வகை ரத்தம் செலுத்தும்போது Rh வகையும் ஒற்றுமையாக அமைய வேண்டும் என்ற புதிய அணுகு முறை கடைப்பிடிக்கப்பட்டது. அதாவது A வகையினர் Rh+ ஆக இருந்தால் அவர்களுக்கு A வகை Rh+ ரத்தம் தான் கொடுக்க வேண்டும். Rh நெகடிவ் உள்ளவருக்கு Rh நெகடிவ் ரத்தமே சேரும்.

பாதுகாப்பான ரத்தம் செலுத்தும் முறைகள் - இரத்தம் பெறுபவர், தருபவர் இருவரின் ரத்தவகையும், ஒன்றாக இருக்கவேண்டும். இரத்தம் வழங்குபவருக்கு எவ்வித தொற்று நோய்களும் இருக்கக் கூடாது. (உம். மலேரியா, மஞ்சள் காமாலை, பால்வினை நோய், எய்ட்ஸ்).

இரத்ததானம் செய்பவருக்கு இரத்தம் போதுமானளவு இருக்க வேண்டும் (HB 8% க்கு மேல் தேவை). இளைஞர்கள், நடுத்தர வயதினர் ரத்தம் வழங்கலாம். 60 வயதிற்கு குறைந்தவராக இருத்தல் அவசியம். ஒரு முறை ரத்தம் கொடுத்தவர் குறைந்தது மூன்று மாதங்கள் கழித்து மீண்டும் ரத்தம் கொடுப்பது நல்லது. ரத்தம் செலுத்தும் முன்பு Cross matching செய்ய வேண்டும்.

இரத்த தானம் ஏன்?

இரத்த சோகை நோய்களில் மிகக் கொடுமையானது தலா சீமியா என்னும் நோய். இந்நோய் உள்ள குழந்தைகளுக்கு 15 நாட்களுக் கொருமுறை வீதம், ஆயுள் முழுவதுமே இரத்த தானம் தேவைப்படுகிறது. இது ஒரு பாரம்பரிய ரத்தசோகை நோய்.

கருவிலுள்ள குழந்தையின் ஹீமோகுளோபின் குழந்தை-யாகப் பிறந்தவுடனும் மாறாமல் இருப்பதால், உயிர்வாழ புது ரத்தம் தேவைப்படுகிறது. இந்நோய் தாக்கிய 3 - 4 வயது குழந்தைகளுக்கு 6 வாரங்களுக்கு ஒரு தடவையாவது ரத்த தானம் கொடுக்க வேண்டும். வளர, வளர அடிக்கடி ரத்தம் தேவைப்படும்.

இது போன்ற ரத்தசோகை பீடித்த ஆயிரக்கணக்கானோர் மாற்று ரத்தம் பெற்றே உயிர் வாழ்கின்றனர். விபத்து ஏற்-பட்டு இரத்தமிழந்தவர்கட்கு மட்டும்தான் ரத்ததானம் பயன்-படுகிறது என எண்ண வேண்டாம். குறிப்பிட்ட காலங்களில் கோயில்களுக்குச் சென்று வழிபடுவதைப் போல, ரத்த தானம் செய்து பல உயிர்களை வாழச்செய்யலாம். மேலும் ரத்த தானம் செய்பவர்களுக்கு இருதய நோய் வருவது குறைவு என்று ஓர் மருத்துவ ஆராய்ச்சி தெரிவிக்கிறது.

ஹீமோபிலியா – இரத்தம் தொடர்பான வியாதிகளில் ஒன்று ஹீமோபிலியா. இது பெரும் பாலும் ஆண்களையே தாக்குகிறது. இது மரபு அணு சார்ந்த பிறவிக் கோளாறு. இதனால் காயங்கள் ஏற்பட்டால் இரத்தம் எளிதில் உறை-யாமல் இரத்தம் தொடர்ந்து வெளியேறிக் கொண்டே இருக்-கும். இரத்தம் உறையச் செய்யும் செயல் முறைகளில் 8வது காரணி இல்லாமல் இருப்பது அல்லது குறைவாக இருப்பதே இதற்கு காரணம்.

இரத்தத்தின் உறையும் தன்மையில் ஏற்படும் குறைபாடு நோயான ஹீமோபிலியாவை மாற்றுமுறை மருத்துவமான ஹோமியோபதி மூலம் பெருமளவு கட்டுப்படுத்த இயலும். இதற்கு பயன்படும் முக்கியமான ஹோமியோபதி மருந்து: பாஸ்பரஸ். இரத்தம் கசியும் வியாதிகள் அனைத்தும் ஹீமோபிலியா அல்ல. இரத்தம் உறைவதில் ஏற்படும் கோளாறுகள் பல காரணங்களால் ஏற்படுகின்றன

2. கழிவு இரத்தம் + தீட்டு = விலக்குதல் + ஒடுக்குதல்

- ஓவியா

சில வருடங்களுக்கு முன்பு தேவதாசி முறையை ஒழித்த-தில் அந்தச் சமூகப் பெண்கள் மிகவும் பாதிக்கப்பட்டு விட்-டார்கள் என்ற ஒரு கருத்தை மிகப்பெரிய எழுத்தாளராக அறியப்பட்டிருக்கும் வாசந்தி அவர்கள் வெளியிட்டார்கள். இப்படிக் கூடப் பேச முடியுமா என்று நாம் அதிர்ந்து போனோம். மூவாளூர் இராமாமிர்தம் அம்மையாரின் தியா-கங்களும், முத்துலட்சுமி அம்மையார் நடத்திய கடும் பயண-மும் நமது மனக்கண்ணில் ஊர்வலம் நடத்தின. மூவாளூர் இராமாமிர்தம் அம்மையார் வாழ்க்கையில் ஒரு காட்சி. அந்த அம்மையாருக்கு அவரது சமுதாயத்தைச் சேர்ந்த பெண்மணி ஒருவரே வீட்டிற்கு அழைத்து விசம் தந்து விடு-கிறார். அதனை அறிந்த பின்னும், அந்தப் பெண்மணி மீது சினமேதும் கொள்ளாமல் மன்னித்து விடுகிறார் அம்மை-யார். நாம் மேற்கூறிய வாசந்தியின் வாசகத்தைப் படித்த-போது, அந்த விசம் கொடுத்த பெண்கள் இன்னும் வாழ்ந்து கொண்டுதானிருக்கிறார்கள் என்று தோன்றியது. நாம் தொடர்ந்து நடத்தியாக வேண்டிய பயணம் இன்னும் தொலைதூரமிருக்கும்போது இப்படித்தான் சில கற்கள் நம்மை இருக்கும் இடத்திலேயே விழ வைத்து விடுகின்றன.

இரண்டு வருடமிருக்கும் எனக் கருதுகிறேன். திருச்சி பாரதிதாசன் பல்கலைக்கழகத்தில் பெண்கள் கலந்தாய்வு ஒன்றில் (பெண்களின் உடற்கூறு மற்றும் மருத்துவம் பற்றிய கலந்தாய்வு) பங்கேற்றபோது, ஒரு பெண்மணி, 'கழிவு இரத்-தப் போக்கு' பற்றிப் பேசும்போது பண்டைய காலத்தில் ஓய்-வெடுத்துக்கொள்ள அவர்களை ஒதுக்கி வைத்த சமூகம் வழி செய்தது என்றும், நாகரிக சமூகம் அந்த வெளியை எடுத்து விட்டது என்றும் வாதிடத் தொடங்கினார். அங்-கிருந்த பெண்கள் அதனை உணர்ச்சிப்பூர்வமாக மறுத்திட்-டனர். பழம் சமூகங்களில் அவ்வாறு பெண்கள் ஒதுக்கி

வைக்கப்பட்டிருந்த இடங்கள் எவ்வளவு தனிமை நிறைந்த-தாகவும், அபாயம் நிறைந்ததாகவும் இருந்தன என்பது உங்-களுக்குத் தெரியுமா என்ற உணர்ச்சி மிக்க கேள்விகளில் அந்தப் பெண்மணி தனது பேச்சின் தவற்றை உணர்ந்து கொண்டார். ஏனெனில் அவரும் பெண்.

'கர்ப்பப் பை' எங்கள் உடலுக்குள், எங்கள் தோலுக்கும் சதைக்கும் கீழ் இருக்கிறது. ஆனால் சமூக வெளியில் அது எங்கள் தோலும் சதையும் கிழிந்து இரத்தம் கொட்டக் கொட்ட ஆண்களின் கைகளில் சிறையுண்டு கிடக்கிறது. பெண் வயதுக்கு வருகிறாளாம், (ஆணுக்கும் வயதுக்கும் எப்போதும் தொடர்பில்லை. அய்ந்திலும் அறுபதிலும் அவர் இராசாதானாம்) பூப்பெய்துகிறாளாம், பருவமடைவதால் தீட்-டுப்பட்டு விடும் பெண்ணை இவர்கள் புனித நீரால் தூய்-மைப்படுத்துகிறார்களாம். தங்கள் ஊரில் ஆறுகளும், குளங்-களும் மாசுபடுவதைத் தடுக்கத் துப்பில்லாத இவர்கள் வீட்-டுக்குள் பெண்ணைத் தூய்மைப்படுத்துகிறார்களாம். இந்த நிகழ்ச்சி இன்றும் வீட்டுக்கு வீடு நடந்து கொண்டிருக்கிறது. மாதவிடாய் நேரத்தில் மட்டுமன்று, இந்த சமூகத்திற்கு வாரிசு பெற்றுத் தரும்போதும் பெண் தீண்டத்தகாதவள்தான். எவ்வளவு நன்றி கெட்ட சமூகம் இது என்று சிந்தித்துப் பாருங்கள். பிறகெப்படி சமூக அவலங்கள் தீரும்?

'எந்நன்றி கொன்றார்க்கும் உய்வுண்டாம், உய்வில்லை செய்நன்றி கொன்ற மகற்கு'. தீண்டாமையை ஒழிக்கக் கிளம்பிய எத்தனை வீரர்கள் பெண்ணின் மீதான இந்தத் தீண்டாமை குறித்து குறைந்த பட்சம் ஒரு சில வார்த்தைக-ளையாவது உச்சரித்திருக்கிறார்கள்? தீண்டாமையின் மூலங்-களைப் பற்றி எழுதும்போது அம்பேத்கர் இதனைச் சுட்டிக்-காட்டுகிறார். ஆனால் பெண்ணுக்கும், ஆணுக்குமே விடு-தலை வேண்டுமென்றால் பெண்ணின் கர்ப்பப்பைக்கு விடு-தலை வேண்டும் என்று முழங்கிய ஒரே தலைவராகப் பெரியார் மட்டுமே உலக வரலாற்றில் நிற்கிறார். என்ன செய்ய, அந்தத் தலைவர் தோன்றிய நமது மண்ணிலேயே, தீண்டாமை ஒழிப்பை மேடையிலே பேசுகிறவர்களே பூப்புனித

நீராட்டு விழா பத்திரிகை அடித்து நம்மிடமே நீட்டுகிறார்கள். இதில் தீண்டாமைக்கு ஆளான சமூகங்களும் இப்போது புதிதாக விமரிசையாகக் கொண்டாடுகின்றன.

இப்படிப் பெண் மீதான தீண்டாமைக்கு அடித்தளமாக இருக்கும் மாதவிடாய் பற்றி நமது தோழர்களில் சிலரே கூடத் தவறான சில கருத்துகளை வெளியிட்டு வருகிறார்கள். அவர்களின் இலக்கு நாப்கின் தயாரித்து விற்கும் கார்ப்பரேட்டு நிறுவனங்களைத் தாக்குவது. இதிலிருந்து பினனோக்கிப் பயணித்து, இவர்கள் எந்த இடத்தில் போய் நிற்கிறார்கள் என்றால், மாதவிடாய் காலம் பெண்களுக்கு துன்பம் மிகுந்தது. அச்சமயங்களில் பெண்களுக்கு ஓய்வு அவசியம். எனவே பெண்களை அச்சமயங்களில் எந்தப் பணியிலும் ஈடுபடுத்தக் கூடாது. அவர்கள் முன்பு போல தனியிடத்தில் அமர்த்தி வைக்கப்பட்டு, தங்கள் இரத்த ஒழுக்கை துணி வைத்துத் துடைத்து, அதனைச் சுத்தம் செய்து காயப்போட்டு உலர்த்திக் கொண்டு உட்கார்ந்திருக்க வேண்டும். இன்று மனிதர்களிலேயே பலர் மிருகங்களாக இருப்பதால், முன்பு போல் தங்களைப் பாதுகாக்க நமது முன்னோர்கள் காட்டிய வழியில் உலக்கையையும் வைத்துக் கொள்ளலாம். துப்பாக்கி வைத்துக் கொள்ளக் கூடாது. ஏனெனில் துப்பாக்கி கார்ப்பரேட்டுகளால் தயாரிக்கப்படுவது. இவ்வாறு மாதத்தில் மூன்று நாட்களிலிருந்து ஏழு நாட்கள் வரையிலும் இருக்க வேண்டி வரும் என்பதால், பெண்கள் எல்லா வேலைகளுக்கும் செல்லலாம் என்ற முதலாளித்துவ பரப்புரையிலிருந்து விடுபட்டுப் பெண்களால் முடிந்த (ஆண்களால் மனப்பூர்வமாக அங்கீகரிக்கப்பட்ட) ஆயா, ஆசிரியர் மற்றும் செவிலியர் பணிகளுக்கு மட்டும் பெண்களை அமர்த்த அரசு ஆணையிட வேண்டும். காலங்காலமாக இருந்து வருவதைப் போல விவசாயக் கூலிகளாகவும், தோட்டக் கூலிகளாகவும், வீட்டு வேலைகளுக்கும் பெண்கள் செல்லலாம். கார்ப்பரேட் விவசாய முறை அமலுக்கு வந்தால் அதன்பின் இதில் கருத்து கூறுவது பற்றி யோசிக்கிறோம்.

இந்தச் 'சிந்தனையின் பாதை எங்கே போகிறது' என்று புரிகிறதா தோழர்களே? உங்களது அனைத்துப் போராட்டங்-களிலும் முதல் பலி நாங்கள்தானா? 'வர்ணாசிரமம் வேண்-டும், ஆனால் தீண்டாமை ஒழிய வேண்டும்' என்று காந்-தியார் சொன்னதற்கும், 'மாதவிலக்கு வேண்டும் ஆனால் தீண்டாமை வேண்டாம்' என்று நீங்கள் சொல்வதற்கும் அடிப்படையில் என்ன வேறுபாடு? உங்களைப்போலவே சங்-கராச்சாரியாரும், 'பாரதப் பண்பாடும் பெண்மையைப் போற்-றிதானே வீட்டுக்குள் இருக்கச் சொன்னார்கள்' என்று சொன்னதற்கும், 'பெண்ணின் உடற்கூறு ஒத்துக் கொள்கிற பணிகள் மட்டும்' என்று நீங்கள் சொல்வதற்கும் என்ன வேறுபாடு?

பெண்ணின் கழிவு இரத்தப் போக்கு, அது சார்ந்த உடலி-யல் பிரச்சினைகள், இவை குறித்த மருத்துவப் பார்வை நமது முன்னோர்களிடமிருந்தது, முதலாளித்துவ சமூகத்திற்கு இல்லை என்று நீங்கள் சொல்ல வருகிறீர்கள். ஆனால் உண்மையில் நமது முன்னோர் சமூகமாகட்டும், இன்றைய முதலாளித்துவ சமூகமாகட்டும் இரண்டுமே ஆணாதிக்க சமூகமாகத்தான் இருந்து வருகிறது என்ற உண்மையையும், இதில் பெண்ணின் உடற்கூறியல் பற்றிய அறிவியல் சிந்-தனை மிக மிகத் தொலை தூரத்தில் இருக்கிறது என்ற உண்மையையும் முதலில் புரிந்து கொள்ளுங்கள்.

முதலில் தமிழருக்கென்று சாதியம் சாராத ஒரு பொது-வான முன்னோர் சமூகத்தின் சுவடுகளை இன்று நாம் தேட இயலுமா? நாம் விரும்பினாலும், விரும்பாவிட்டாலும் சாதி-யம்தானே நமது முனனோர் பாரம்பரியமாக இருக்கிறது? இதில் மாதவிலக்கு நேரத்தில் வீட்டுக்குள் வராதே என்று சொன்ன நமது முன்னோர் பாரம்பரியம், மாதவிலக்கு நேரத்-தில் வயற்காட்டில் களை எடுக்க வராதே என்று ஏன் சொல்லவில்லை? ஏன் விவசாயக் கூலிக்கு இரத்தப் போக்கு நிகழும்போது இடுப்பு வலிக்காதா? இல்லை உச்சி வெயிலில் களை எடுப்பதும், நாற்று நடுவதும் இரத்தப்போக்கிற்கு உளுந்தக் களி சாப்பிடுவது போல் பாராம்பரிய மருத்துவ

முறைகளா?

பெண்ணின் இரத்தப் போக்கு பண்டைய சமூகத்தில் மனிதனின் அறியாமையிலிருந்து பார்க்கும்போது பல்வேறு உணர்வுகளைத் தோற்றுவித்திருக்கிறது. அதில் அடிப்படை– யான உணர்வாக அச்சம் இருந்திருக்க வேண்டும். மனிதன் எதைக் கண்டு அச்சப்பட்டிருக்கிறானோ, அதையெல்லாம் அடக்க நினைக்கிறான். எனவேதான் இரத்த ஒழுக்குடன் நின்ற பெண்ணை அவன் தனிமைப்படுத்த நினைத்திருக்கி– றான். இந்தப் பயணத்தினூடே சமூகத் தலைமை பெண்– ணிடமிருந்து ஆணுக்குக் கைமாறிய வரலாறும் நிகழ்ந்தி– ருக்கிறது. நிச்சயமாக இந்தத் தலைமை திட்டமிட்ட ராக்– கெட் பயணம் மாதிரி எல்லாம் நிகழ்ந்திருக்க இயலாது. எனவே பெண்ணே விரும்பி ஓய்வெடுத்திருக்கலாம் அல்லது ஆணால் ஒதுக்கப்பட்டிருக்கலாம். இதை எல்லாம் கறாராக மானுடவியல் ஆய்வாளர்களே சொல்லிவிட முடியாது.

ஆனால் இன்றைய சமகாலப் பெண்களின் அனுபவத்தி– லிருந்து ஒன்றை உறுதியாகச் சொல்ல முடியும். மாதக் கழிவு இரத்தப் போக்கு நேரங்கள் அனைத்து பெண்களுக்கும் ஒரே மாதிரியான நிலையைத் தோற்றுவிப்பதில்லை. மாதவிடாய் நிற்கும் நேரங்களும், மகப்பேறு நிலைகளும் கூட அப்ப– டித்தான். இது பெண்ணுக்குப் பெண் வேறுபடும். இதில் பொதுவாக சிறுவயதிலிருந்து நல்ல உணவு எடுத்துக் கொள்– கிற, சிறுவயதிலிருந்து தனது ஆரோக்கியத்திற்கு கவனம் செலுத்துகிற வாய்ப்புப் பெற்ற பெண்களுக்கு இப்பிரச்சனை– கள் குறைவாகவும், பொதுவாக பலவீனமாக பெண்களுக்கு, ஒடுக்கப்பட்ட உளவியல் உள்ள பெண்களுக்கு இப்பிரச்– சனைகள் அதிகமாகவும் உள்ளன. இந்தப் பிரச்சனைகளை அறிவியல் பூர்வமாக நாம் அணுக வேண்டும். நீங்கள் சொல்லுகின்ற பண்டையச் சமூகம் உளுந்தங்களியைப் பெண்ணின் முதல் இரத்தப்போக்கு துவங்கும் போதிலிருந்து அவள் 'பிள்ளை பெறும்' வரை மட்டுமே வலியுறுத்துகிறது. ஏன் அவளுக்குத் திருமணம் முடிந்து பிள்ளை பெறும் வரை, அவளை ஒரு தன்னல நோக்குடன் பாதுகாக்கிறது

ஆணாதிக்க சமுதாயம். நமது அருந்தமிழ்ப் பண்டைய சமூ-
கத்தைத்தான் சொல்கிறேன். ஆனால் கழிவு இரத்தப்போக்கு
நின்று போன பின்புதான், பெண்கள் அதிக கால்சியமும்,
இரும்புச் சத்தும் உள்ள உணவுகளை எடுக்க வேண்டும்
என்று இன்றைய மருத்துவ உலகம்தான் எங்களுக்கு அறி-
வுறுத்துகிறது.

தோழர்களே! இரத்தப்போக்கு நின்று, உடல் சுகமும்,
பிள்ளை பெற்றுத் தருவதையும் நிறுத்திய பிறகு, நாங்கள்
வாழ்வதற்கான வெளியை நீட்டிப்பது குறித்து சிந்திக்கிற
அறிவியலை நாங்கள் தேடிக் கொண்டிருக்கிறோம். யாருக்-
குத் தேவைப்படுகிறதோ, யாருக்கு மருத்துவம் தேவைப்-
படுகிறதோ அவர்கள் அதைப் பெற்றுக் கொள்வதற்கான
உரிமை மிக்க வாழ்வு மட்டுமே இதற்குத் தீர்வாகும்.

கார்ப்பரேட்டுகளின் நாப்கின் விளம்பரம் பெண்ணின்
இரத்தப்போக்கு மீதான சமூகத்தீட்டை உடைத்தெறிந்து குப்-
பைத் தொட்டியில் போட்டது என்பதையும், இன்றைய
கணவன்மார்களும், சகோதரர்களும் எந்தத் தயக்கமுமில்லா-
மல் கடையில் தங்கள் வீட்டுப் பெண்களுக்கு நாப்கின் வாங்-
கிச் செல்கிறார்கள் என்பதையும் மறுப்பது அறிவு நாணய-
மல்ல. நாப்கின் பயன்படுத்துவதில் கர்ப்பப்பையின் ஆரோக்-
கியம் மேம்பட்டதா இல்லையா என்பது மட்டும் விவாத-
மன்று. நிச்சயமாக நாப்கின், பெண்ணின் சமூக வெளியை
விரிவாக்கியது. நாப்கினிலுள்ள சில வேதியியல் செயல்பா-
டுகளினால் ஏற்படும் பாதிப்பை விட, இந்த வெளி எங்-
களுக்குத் தேவையாய் இருக்கிறது. கார்ப்பரேட்டுகளுக்காக
வேலைக்குச் செல்லும்போது மட்டுமன்று, சமூகப் பணி-
களுக்கு வரும்போதும்கூடத்தான். கடைசியாக இவர்கள்
சொல்லுகின்ற ஒரு கருத்துக்கு வருகிறேன். இந்த விளம்ப-
ரங்களால் பெண்கள் அந்த சமயத்தில் கூட ஓய்வெடுத்துக்
கொள்ள முடியாமல், அப்போதும் வேலை செய்கிற நிர்ப்பந்-
தத்துக்கு ஆளாகிறார்கள் என்ற வாதம் கருணை மிக்கது-
தான். இதற்கான விடை பெண்களின் வாழ்க்கையின் மீது
தன்னாட்சி செலுத்துகிற உரிமை பெண்களுக்கு இருக்கிறதா

என்பதில்தான் இருக்கிறது.

பெண்ணின் உடற்கூறு பற்றிய பெண்ணிய சிந்தனை கொண்ட மருத்துவ அறிவியலை இன்றுகூட நாம் பெற்றுவிட்டதாகக் கூற முடியாது. தான் எப்போது திருமணம் செய்து கொள்ள வேண்டும், எப்போது பிள்ளை பெற வேண்டும், தான் என்ன சாப்பிட வேண்டும் என்று தீர்மானிக்கும் உரிமையில்லாத பெண், தனது வியாதிகளுக்கான மூலங்களை எப்படி அறிவாள்? எங்கே தேடுவாள்? இவ்வளவு ஏன், தான் நீண்ட நாள் வாழ வேண்டும் என்று ஆசைப்படும் உரிமையே இங்கு பெண்ணுக்குக் கிடையாது. தனது கணவனுக்கு முன் சாக வேண்டும் என்று ஆசைப்படத்தான் நீங்கள் கற்றுக்கொடுத்திருக்கிறீர்கள். நான் எழுதுவது ஒவ்வொன்றும் நடப்பு மட்டுமே. ஒவ்வொரு பெண்ணும் நீண்ட நாள் வாழ வேண்டும் (தீர்க்க சுமங்கலியாகவோ, அல்லாமலோ) என்று ஆசைப்பட ஒரு சமுதாயத்தை முதலில் கட்டுவோம். அந்தச் சமூகத்தில்தான் பெண்ணின் உடல் பற்றிய சரியான சிந்தனை முகிழ்க்க முடியும்.

3. மூக்கிலிருந்து இரத்தம் வருவதேன்..?

மூக்கிலுள்ள தந்துகிகள் உடைவதால்தான் மூக்கின் வழியே இரத்தம் வருகிறது.

கால்சியம் சத்துக் குறைவாக உள்ள குழந்தைகளுக்கு இது போன்று மூக்கிலிருந்து இரத்தம் வருவதுண்டு. கால்சியம் சத்து மிகுந்த மாத்திரைகளை சாப்பிட்டால், இவர்களுக்கு மூக்கிலிருந்து ரத்தம் வருவது சரியாகிவிடும். ஸைனஸினால் பாதிக்கப்பட்டவர்களுக்குக் கூட சளியுடன் ரத்தம் வரும். விபத்துகளில் தலையில் அடிபட்டாலும் மூக்கிலிருந்து ரத்தம் வரும். இருதய நோய் உள்ளவர்களுக்கும் மூக்கிலிருந்து ரத்தம் வருவதுண்டு.

அதிக ரத்த அழுத்தம் உள்ளவர்களுக்கும் சில சமயம் மூக்கிலிருந்து ரத்தம் வருதுண்டு. இது அவர்களுக்கு மிகவும் நல்லதுதான். அதிக ரத்தம் அழுத்தம் உள்ளவர்கள் இது-

போல மூக்கிலிருந்து ரத்தம் வரும்போது, அது வருவதை தடை செய்யக்கூடாது. ரத்தம் வரும்போது அவர்களை சாய்வான நிலையில் படுக்க வைக்க வேண்டும். சமதளத்தில் படுக்க வைத்தால் மூக்கின் வழியே வருகிற ரத்தம் உறைந்து கட்டியாகிவிடும். எனவேதான் சாய்வான நிலையில் இரண்டு அல்லது மூன்று தலையணைகளை வைத்து இவர்களை படுக்க வைப்பது அவசியம்.

மாறாக மூளையில் ரத்தல் கசிவு ஏற்பட்டால் பக்கவாதம் ஏற்படலாம். மூக்கில் உள்ள தந்துகிகள் உடைவதால் இப்படி நேராமல் தடுக்கப்படுகிறது. இது உடலில் இயற்கையான ஒருவகை சேப்டி மெக்கானிஷம். அதிக ரத்த அழுத்தம் உள்ளவர்களுக்கு அப்போது ரத்த அழுத்தம் குறையும்.

ஹிமோபிளியா என்ற ஒன்று உண்டு. இது மரபு அணுக்-களால் ஏற்படுவது. இது குறிப்பாக ஆண்களுக்குத்தான் வரும். ஆனால் தாய் மூலமாகத் தான் பரவும். மரபு அணுக்கள் மூலமாகப் பரவுகிற இந்த வியாதி, ஒருவருடைய பெண்ணிற்குப் பிறக்கிற குழந்தைக்கு வருவதுண்டு. இவர்க-ளுக்கும் மூக்கிலிருந்து ரத்தம் வரும்.

4. உயர் ரத்த அழுத்தம்

இரத்த அழுத்தம் என்றால் என்ன...?

உடல் சீராக இயங்க இரத்த ஓட்டம் அவசியம். இரத்தம் என்பது ஓடிக்கொண்டே இருப்பது. அதனை இயக்கும் பம்ப்-பாக இருதயம் இருக்கிறது. இருதயம் தான் இந்த இரத்-தத்தை எல்லா உறுப்புக்களுக்கும் பம்ப் செய்து அவை சீராக செயல்பட உதவுகிறது. அது சீரற்று இரத்தத்தை மிகையாக அழுத்தும்போது இரத்த அழுத்தம் ஏற்படுகிறது.

இரத்த அழுத்தம் ஏன் ஏற்படுகிறது...?

பொதுவாக “உப்பில்லாப் பண்டம் குப்பையிலே” என்பார்கள். ஆனால் இந்த உப்புத்தான் உடலுக்குப் பகைவன். உயர் ரத்த அழுத்தத்தின் துணைவன். உப்பு அதிகமாகச் சேர்ப்-

பதே இதன் முக்கியக் காரணம் என்றாலும், மரபு வழியாக-
வும் உடற்பருமனாலும், மன உளைச்சலும் இதன் காரணங்-
களாகின்றன.

இதில் இரண்டு வகை சொல்கிறார்களே (அதாவது ரீடிங்) அதுபற்றி விளக்கம்?

அதாவது சிஸ்டாலிக் பிரசர் இதயம் அழுத்திச் சுருங்கும்
போது ஏற்படுவது டய்ஸ்டாலிக் பிரசர் என்பது இதயம்
தளர்ந்து விரியும் போது ஏற்படுவது இதன் சராசரியான
அளவுகள் 120/80 என்பதாகும்.

உயர் ரத்த அழுத்தத்தின் அறிகுறிகள் யாவை?

இதற்கு எந்த அறிகுறியும் இல்லாமல் வருவது. அதனால்
தான் இதற்கு அமைதியான ஆட்கொல்லி என்று பெயர்.
இதன் தாக்கம் என்பது தலைசுற்றல், தலை வலி, நடக்கும்-
போது மூச்சு வாங்குதல் போல் தெரிதல், மயக்கம் போன்ற
தொல்லைகள் ஏற்படலாம்.

இதனால் ஏற்படும் ஆபத்துக்கள் யாவை...?

உயர் இரத்த அழுத்தத்தைக் கவனிக்காமல் விட்டுவிட்டால்
மூளை, இருதயம், சிறுநீரகம் போன்றவை பாதிக்கப்பட்டு,
மாரடைப்பு, பாரிச வாயு, நினைவிழத்தல், சிறுநீரகம் செய-
லிழப்பு, கண்பார்வை பாதிப்பு, கைகால் வீக்கம், மூக்கில்
ரத்தம் வடிதல் போன்றவை ஏற்படும்

இதனைக் கட்டுப்படுத்தும் முறைகள் யாவை...?

நல்ல உணவுப் பழக்கம் முக்கியம். உப்பும் உப்புச் சார்ந்த
ஊறுகாய், அப்பளம், நொறுக்குத் தீனிகள், கருவாடு போன்-
றவற்றைக் கண்டிப்பாகத் தவிர்க்க வேண்டும். தினமும் 45
நிமிடம் கை வீசி நடக்க வேண்டும். மன உளைச்சலுக்கு
இடந்தருதல் ஆகாது. உச்சி மீது வானிடிந்து வீழ்ந்தாலும்
கலங்காமல் எதையும் எளிதாகக் கொள்ளும் கொள்கையைக்
கடைப்பிடித்தால் என்ன செய்யப் போகிறது உயர் ரத்த
அழுத்தம்?

இதற்கான முதல் உதவிகள் யாவை...?

முறையான உடற்பயிற்சி, மருத்துவரின் ஆலோசனை
அடிக்கடி கேட்டல், மருந்துகளை ஒழுங்காக உட்கொள்ளல்,

பால், பலசரக்கு, பண்டிகைக்குப் பணம் ஒதுக்கல் போல் மருந்துக்கும் மாதம் 300 ரூபாய் ஒதுக்கி வைத்தல், புகை பிடிப்பதைக் கண்டிப்பாகத் தவிர்த்தல், எப்போதும் முக மலர்ச்சியுடன் இருத்தல் போன்றவை.

பி.பி யே வராதவர்கள் அதனை அப்படியே தக்க வைத்துக் கொள்ளும் உபாயங்கள் யாவை...?

பி.பி. வராதவர்கள் என்று யாருமே இருக்க வாய்ப்பில்லை. எல்லோருக்கும் வரலாம். காரணம் வயது ஏற...ஏற உடல் உறுப்புக்களில் மாற்றம் ஏற்படுகிறது. அதற்குத் தகுந்தாற்போல் நோய்கள் வருகிறது. எப்படி வயது காரணமாக கண்புரை நோய் சதைச் சுருக்கம் போன்றவை ஏற்படுகிறதோ அது போல் தான் இதுவும். ஆனால் சில பேருக்கு குறிப்பாக காட்டுவாசிகள் சிலரை பி.பி. அண்டுவதில்லை என்கிறார்கள். அப்படி ஒரு 10 சதவிகிதம் இருக்கலாம். ஆனாலும் சாத்தியம் இல்லை. காரணம் இது வயது சம்பந்தப்பட்டது. அப்படி உங்களில் யாருகேனும் வரவில்லை என்றால் நீங்கள் யோகக்காரர்கள். எல்லோருக்கும் அப்படி ஒரு யோகம் அடித்தால் நல்லதுதானே. சோம்பலை துரத்தி, முகமலர்ச்சி கூட்டி, மன உளைச்சல் நீக்கி வாழ்ந்தால் இதனைக் கட்டுப்படுத்தலாம்.

இதுவரை உயர் ரத்த அழுத்தம் பற்றியே கூறினீர்கள். அழுத்தக் குறைவு (லோ பிரசர்) பற்றிக் கூறுங்களேன்...?

அழுத்தம் குறைந்த (அ) குறைந்த இரத்த அழுத்தம் பற்றிக் கவலையே வேண்டாம். அதனால் தொல்லைகள் இல்லை. அவர்கள் அளவாக உப்புச் சேர்க்கலாம். உணவு விஷயங்களில் கூட உயர் ரத்த அழுத்தக் காரர்களுக்குத்தான் கெடுபிடிகள். இவர்களுக்கில்லை. அதற்காக எப்படியும் சாப்பிடலாம் என்று இல்லை. அளவான நல்ல உணவுப் பழக்க வழக்கங்கள் போன்றவை எல்லோருக்கும் அவசியம் தானே?

5. இரத்தம் - உண்மைத் துளிகள்

- இரத்தத்தின் நிறம் ஏன் சிவப்பாக உள்ளது?

ரத்தத்தில் உள்ள சிவப்பு அணுக்களின் உள்ளே "ஹீமோகுளோபின்" என்ற வேதிப் பொருள் உள்ளது. இந்த வேதிப் பொருள் தான் ரத்தத்துக்கு சிவப்பு நிறத்தைக் கொடுக்கிறது. ஹீமோகுளோபின்தான் உடலில் உள்ள அனைத்துச் செல்களுக்கும் ஆக்சிஜனை எடுத்துச் செல்கிறது. ரத்தத்தில் ஹீமோகுளோபின் எண்ணிக்கை குறைந்தால் ரத்த சோகை நோய் ஏற்படும். ரத்த சோகை, ரத்த இழப்பு ஏற்படும்போது ரத்த சிவப்பு அணுக்களைச் செலுத்துவார்கள்.

– ரத்த சிவப்பு அணுக்களின் எண்ணிக்கை எவ்வளவு?

ஒரு சொட்டு ரத்தத்தில் 55 லட்சம் ரத்த சிவப்பு அணுக்கள் இருக்கும். அதாவது சென்னையின் மக்கள் தொகைக்கு ஏறக்குறைய இணையான அளவுக்கு இருக்கும்.

– ரத்த சிவப்பு அணுக்கள் உற்பத்தியாகும் இடம் எது?

எலும்புகளுக்கு நடுவில் வெற்றிடம் இருக்கும். இந்த வெற்றிடத்தைச் சுற்றி எலும்பு மஜ்ஜை இருக்கும். எலும்பு மஜ்ஜையில் ரத்த சிவப்பு அணுக்கள், வெள்ளை அணுக்கள், பிளேட்லட்டுகள் உற்பத்தியாகின்றன.

– ரத்த சிவப்பு அணுகளின் ஆயுள் எவ்வளவு?

ரத்தச் சிவப்பு அணுக்களின் ஆயுள் நான்கு மாதங்கள். ரத்தச் சிவப்பு அணுக்களின் முக்கிய வேதிப் பொருளான ஹீமோகுளோபின் உற்பத்திக்கு இரும்புச் சத்து தேவை. கீரைகள், முட்டைக் கோஸ், முட்டை, இறைச்சி ஆகியவற்றில் இரும்புச் சத்து அதிகம். இவற்றை உணவில் தினமும் சேர்த்துக் கொண்டால் ரத்த சோகை வராது.

– ரத்த வெள்ளை அணுக்களின் வேலை என்ன?

ரத்த வெள்ளை அணுக்களை படைவீரர்கள் என்று அழைக்கலாம். ஏனெனில் உடலுக்குள் நுழையும் நோய்க் கிருமிகளை முதலில் எதிர்த்துப் போராடுபவை ரத்த வெள்ளை அணுக்களே. இவை நோய் எதிர்ப்புச் சக்தியின் முக்கிய ஆதாரம்.

– ரத்தத்தில் உள்ள "பிளேட்லட்" அணுக்களின் வேலை என்ன?

உடலில் காயம் ஏற்பட்டவுடன் ரத்தம் வெளியேறுவதை இயற்கையாகவே தடுக்கும் சக்தி “பிளேட்லட்” அணுக்களுக்கு உண்டு. ரத்தம் வெளியேறும் இடத்தைச் சுற்றி “கார்க்” போல் அடைப்பை ஏற்படுத்தி மேலும் ரத்தக் கசிவை இவை தடுத்துவிடும். டெங்கு, கடும் மலேரியா காய்ச்சலால் பாதிக்கப்படும் நோயாளிகளுக்கு இந்த பிளேட்டலட் அணுக்களை உடலில் செலுத்துவார்கள்.

- பிளாஸ்மா என்றால் என்ன?

ரத்தத்தில் உள்ள திரவப் பொருள்தான் பிளாஸ்மா. 100 மில்லி லிட்டர் ரத்தத்தில் சுமார் 50 சதவீத அளவுக்கு பிளாஸ்மாவும் 40 சதவீத அளவுக்கு ரத்த சிவப்பு அணுக்களும் இருக்கும். மற்ற அணுக்கள் 10 சதவீதம் இருக்கும். பிளாஸ்மாவில் தண்ணீர். வைட்டமின்கள், தாதுப்பொருள்கள், ரத்தத்ததை உறைய வைக்கக்கூடிய காரணிகள், புரதப் பொருள்கள் இருக்கும். தீக்காயங்களால் பாதிக்கப்படும் நோயாளிகளுக்கு பிளாஸ்மாவை மட்டும் செலுத்துவார்கள்.

- ரத்தத்தில் உள்ள பொருள்கள் யாவை?

ரத்த சிவப்பு அணுக்கள், ரத்த வெள்ளை அணுக்கள், பிளேட்லட்டுகள் என ரத்தத்தில் மூன்று வகையான அணுக்கள் உள்ளன. இவை தவிர திரவ நிலையில் “பிளாஸ்மா” என்ற பொருளும் உள்ளது.

- ரத்த அழுத்தம் என்றால் என்ன?

உடலின் எல்லா உறுப்புகளுக்கும் ரத்தத்தை இதயம் ‘பம்ப்’ செய்யும் போது ஏற்படும் அழுத்தமே ரத்த அழுத்தம். இதயத்திலிருந்து ஒரு நிமிஷத்துக்கு ஐந்து லிட்டர் ரத்தம் எல்லா உறுப்புகளுக்கும் செல்கிறது. இப்பணியைச் செய்யும் இதயத் தசைகளுக்கு மட்டும் ஒரு நிமிஷத்துக்கு 250 மில்லி லிட்டர் ரத்தம் தேவை.

- உடலில் ரத்த பயணம் செய்யும் தூரம் எவ்வளவு தெரியுமா?

ஒரு சுழற்சியில் ரத்தம் பயணம் செய்யும் தூரம் ஒரு லட்சத்து 19 ஆயிரம் கிலோ மீட்டர்! ரத்தக் குழாய்களுக்குள்

செலுத்தும்போது, அதன் வேகம் மணிக்கு 65 கிலோமீட்டர்! மோட்டார் சைக்கிளின் சராசரி வேகத்தை விட அதிகம்.

- மாத்திரை சாப்பிட்டவுடன் தலைவலி அல்லது கால் வலியிலிருந்து நிவாரணம் கிடைப்பது எப்படி?

மாத்திரை சாப்பிட்டவுடன், அதில் உள்ள மருந்துப் பொருள் ரத்தம் மூலம் வலி உள்ள இடத்துக்குப் பயணம் செய்கிறது. வலியிலிருந்து நிவாரணம் கிடைக்கிறது.

- உடலில் ரத்தம் பயணம் செய்யும் போது எடுத்துச் செல்வது என்ன?

எல்லாத் திசுக்களுக்கும் ஆற்றலை எடுத்துச் செல்லும் முக்கியப் பணியை ரத்தம் செய்கிறது. கொழுப்புச் சத்து, மாவுச்சத்து, புரதம், தாதுப் பொருள்கள் வடிவத்தில் ஆற்றலை அது எடுத்துச் செல்கிறது. திசுக்கள் ஜீவிக்க ஆக்சிஜனை எடுத்துச் செல்வதும் ரத்தம் தான்.

- ரத்த ஓட்டத்தின் முக்கியப் பணி என்ன?

நுரையீரலில் இருந்து அனைத்துத் திசுக்களுக்கும் ஆக்சிஜனை ரத்தம் எடுத்துச் செல்லும். திரும்புகையில் திசுக்களில் இருந்து கார்பன் - டை ஆக்சைடை நுரையீரலுக்கு எடுத்து வந்து மூக்கு வழியே வெளியேற்றுவதும் ரத்தம்தான்.

- 24 மணி நேரத்தில் சிறுநீரகங்கள் வெளியேற்றும் சிறு-நீரின் அளவு எவ்வளவு தெரியுமா?

24 மணி நேரத்தில் சுழற்சி முறையில் 1700 லிட்டர் ரத்-தத்தை சிறுநீரகங்கள் சுத்திகரிப்பு செய்கின்றன. இதில் ஒன்-றரை லிட்டர் சிறுநீரை அவை வெளியேற்றுகின்றன.

- தலசீமியா என்பது தொற்றுநோயா?

இது தொற்று நோய் அல்ல. தந்தைக்கோ அல்லது தாய்க்கோ தலசீமியா நோய் இருந்தால் குழந்தைக்குப் பிற-வியிலேயே இந்நோய் ஏற்பட வாய்ப்பு உண்டு. குழந்தை பிறந்த பிறகு இந்நோய் வரவாய்ப்பில்லை.

- மூளையின் செல்களுக்கு ரத்தம் செல்லாவிட்டால் விளைவு என்ன?

மூளையின் செல்களுக்கு ஆக்சிஜனை எடுத்துச் செல்லு-வது ரத்தம்தான். தொடர்ந்து மூன்று நிமிஷங்களுக்கு ஆக்-

சிஜன் செல்லாவிட்டால் மூளையின் செல்கள் உயிரிழந்து-விடும். உடலின் இயக்கத்துக்கு ஆணையிடும் மூளையில் கோளாறு ஏற்பட்டால் உயிருக்கே ஆபத்து ஏற்படும்.

- ரத்தம் உறைவதற்கு எது அவசியம்?

ரத்தத்தில் மொத்தம் உள்ள 13 காரணிகளில் முதல் காரணியில் பிப்ரினோஜன் என்ற வேதிப்பொருள்தான் ரத்தத்தை உறைய வைக்கிறது. ரத்தத்தில் உள்ள பிளாஸ்மாவில் இது இல்லாவிட்டால் ரத்தம் உறையாது. ஒரு லிட்டர் பிளாஸ்-மாவுக்கு 2.5 - 4 கிராம் என்ற விகிதத்தில் பிப்ரினோஜன் உள்ளது.

- ரத்தத்தில் எத்தனை குரூப்புகள் உள்ளன?

ரத்தத்தில் நான்கு குரூப்புகள் உள்ளன. 'A', 'B', 'AB', 'O' (ஓ) என நான்கு குரூப்புகள் உள்ளன. இது நான்கைத் தவிர 'A1', 'A2' என்ற உப குரூப்புகளும் ரத்தத்தில் உண்டு. 'O' பிரிவு ரத்தம் அனைவருக்கும் சேரும் என்பதால்தான், 'O' குரூப் ரத்தம் உள்ளவர்களுக்கு 'யுனிவர்சல் டோனர்' என்று பெயர்.

- ரத்தம் எவ்வாறு குரூப் வாரியாக பிரிக்கப்படுகிறது?

ரத்தத்தில் உள்ள சிவப்பணுக்களில் ஆன்டிஜன் எனும் ஒருவகைப் புரதம் உள்ளது. அதன் தன்மைக்கு ஏற்ப குரூப் பிரிக்கப்படுகிறது. ரத்த சிவப்பணுக்களில் A ஆன்டிஜன் இருந்தால், A குரூப் ஆகும். B ஆன்டிஜன் இருந்தால் B குரூப் ஆகும். AB என்ற இரண்டு ஆன்டிஜன் இருந்தால் AB குரூப் ஆகும். எந்தவிதமான ஆன்டிஜனும் இல்லை-யென்றால் O (ஓ) குரூப் ஆகும்.

- ஆர்எச் நெகட்டிவ் ரத்தத்தை, ஆர்எச் பாசிட்டிவ் உள்ள நோயாளிக்குச் செலுத்தலாமா?

செலுத்தலாம். ஆனால் நோயாளி ஆணாக இருக்க-வேண்டும் அல்லது குழந்தைப்பேறு இனி அவசியம் இல்-லாத பெண்ணாக இருக்கவேண்டும். இளம்பெண்களுக்கு மாறுபட்ட ஆர்எச் ரத்தத்தைச் செலுத்தக்கூடாது.

- ஆர்எச் ரத்தக் காரணிக்கும் பெண்களுக்கும் உள்ள தொடர்பு என்ன?

கர்ப்பம் தரிப்பதற்கு முன்பே கணவன்-மனைவி இருவரும் ரத்தப்பிரிவை சோதனை செய்வது அவசியம். கணவன்-மனைவி இருவருக்கும் ரத்தக் காரணி (ஆர்எச்) பாசிட்-டிவ்வாகவோ அல்லது நெகட்டிவ்வாகவோ இருந்தால் பிரச்-சினை ஏதும் இல்லை. மனைவிக்கு ஆர்எச் நெகட்டிவ்வாக இருந்தால் கர்ப்பம் தரித்தவுடனேயே மகப்பேறு மருத்துவரி-டம் சொல்லிவிட வேண்டும்.

- கர்ப்பிணிக்கு ஆர்எச் நெகட்டிவ் ரத்தப்பிரிவு இருந்தால் ஏன் உஷார் தேவை?

கணவனுக்கு பாசிட்டிவ் ரத்தக் காரணி இருந்து மனை-விக்கு நெகட்டிவ் ரத்தக் காரணி இருந்தால் குழந்தை பாசிட்டிவ் ரத்தக் காரணியுடன் பிறக்க வாய்ப்பு உண்டு. பாசிட்டிவ் ரத்தக் காரணியுடன் குழந்தை பிறக்கும் நிலை-யில், அது தாயின் நெகட்டிவ் ரத்தக் காரணியுடன் கலந்து, தாயின் உடலில் எதிர் அணுக்கள் உற்பத்தியாக வழிவகுத்-துவிடும்.

- ஆர்எச் பாசிட்டிவ், ஆர்எச் நெகட்டிவ் என எதன் அடிப்படையில் ரத்தக் காரணி பிரிக்கப்படுகிறது?

ரீசஸ் எனும் ஒருவகை குரங்கின் ரத்த சிவப்பணுக்களில் ஆன்டிஜன் எனும் ஒரு வகைப் புரதம் உள்ளது. மனிதர்-களின் ரத்தத்தில் இதுபோன்ற ஆர்எச் காரணி இருந்தால் ஆர்எச் பாசிட்டிவ்; இல்லாவிட்டால் ஆர்எச் நெகட்டிவ். இந்தியாவில் பெரும்பாலானோருக்கு ஆர்எச் பாசிட்டிவ் வகை ரத்தக் காரணிதான்.

- தாய்க்கு நெகட்டிவ் ரத்தக் காரணி, பிறந்த குழந்தைக்கு பாசிட்டிவ் ரத்தக் காரணி - விளைவு என்ன?

தாய்க்கு நெகட்டிவ் ரத்தக் காரணி இருந்து பிறக்கும் குழந்தைக்கு பாசிட்டிவ் ரத்தக் காரணி இருந்தால் முதல் பிரசவத்தின் போது பெரும்பாலும் பிரச்சினை வராது. ஆனால் குழந்தையின் பாசிட்டிவ் ரத்த செல்கள் தாயின் நெகட்டிவ் ரத்த செல்களுடன் கலந்து அடுத்த தடவை உரு-வாகும் கருவை அழித்துவிடும் அபாயம் உண்டு.

- தாய்க்கு நெகட்டிவ் ரத்தக் காரணி (ஆர்எச்), பிறக்கும் குழந்தைக்கு பாசிட்டிவ் ரத்தக் காரணி - விளைவைத் தடுப்பது எப்படி?

நெகட்டிவ் ரத்தக் காரணி உள்ள பெண்கள் குறித்து மகப்பேறு மருத்துவர்கள் அவர்களது கர்ப்ப காலத்தின்போதே குறித்து வைத்துக்கொள்வது அவசியம். குழந்தை பாசிட்டிவ் ரத்தக் காரணியுடன் பிறக்கும் நிலையில், கர்ப்பப் பையில் உருவாகியுள்ள எதிர் அணுக்களை அழிக்க குழந்தை பிறந்த 72 மணி நேரத்துக்குள் தாய்க்கு ஊசிபோட வேண்டும். இந்த ஊசிக்கு "Anti D" என்று பெயர்.

- ரத்த தானம் கொடுக்கும் முன்பு என்ன சோதனைகள் அவசியம்?

வயது (18-55), எடை (45 கிலோவுக்கு மேல்) ஆகியவற்றைப் பார்த்த பிறகு தானம் கொடுப்பவன் ரத்த அழுத்தத்தைப் பார்ப்பது அவசியம். இது இயல்பான அளவில் இருக்க வேண்டும். ரத்தத்தில் ஹீமோகுளோபின் அளவைப் பார்ப்பதும் அவசியம். முகாமிலோ அல்லது ரத்த வங்கி உள்பட எந்த இடமாக இருந்தாலும் தானத்துக்கு முன்பு இச்சோதனைகள் அவசியம்.

- யார் ரத்த தானம் செய்யக்கூடாது?

உயர் ரத்த அழுத்தத்துக்குச் சிகிச்சை பெறுபவர்கள், சர்க்கரை நோய்க் கட்டுப்பாட்டில் இல்லாதவர்கள், எய்ட்ஸ் நோயாளிகள், பால்வினை நோய் உள்ளவர்கள், வலிப்பு நோயாளிகள், நுரையீரல் நோய் உள்ளவர்கள், ஹெபடைடிஸ் பி, சி வைரஸ் தாக்குதலுக்கு உள்ளானோர், போதைப் பழக்கம் உள்ளவர்கள், உறுப்பு மாற்று சிகிச்சை மேற்கொண்டவர்கள் ஆகியோர் ரத்ததானம் செய்யக்கூடாது.

- மருத்துவமனைகளில் எல்லா உயிர்களையும் காப்பாற்றும் அளவுக்கு ரத்தம் கிடைக்கிறதா?

இல்லை. தமிழக வாக்காளர்களின் எண்ணிக்கை சுமார் 4.5 கோடி. இவர்களில் சுமார் 10 சதவீதம் பேர் ஆண்டுக்கு ஒரு முறை ரத்தம் தானம் செய்தாலே, ரத்தத்தின் தேவை

முழுவதும் பூர்த்தியாகிவிடும். ரத்தம் இன்றி உயிர் இழப்பு ஏற்படுவதைத் தடுத்துவிடலாம்.

- தானம் கொடுத்த பிறகு ரத்தம் எடுத்த இடத்தில் புண் ஏற்படுமா?

புண் ஏற்படாது. தானம் கொடுத்த பிறகு ரத்த எடுத்த இடத்தில் போடப்படும் பிளாஸ்திரியை நான்கு முதல் ஆறு மணி நேரத்திற்கு எடுக்காமல் இருப்பது நல்லது. எப்போதுமே புகை பிடிக்காமல் இருப்பது நல்லது. தானம் கொடுத்த பிறகு, 24 மணி நேரத்துக்காவது மது அருந்தாமல் இருப்பது நல்லது.

- ரத்தம் தானம் செய்வதற்கு முன் நன்றாகச் சாப்பிட-லாமா?

நன்றாக உணவு சாப்பிட்டு ஒன்றரை மணி நேரம் கழித்து ரத்தம் தானம் செய்வது நல்லது. தானம் செய்வதற்கு முன்பு மோர் உள்பட அதிக அளவு பானங்களைக் குடிப்ப தும் நல்லது. ரத்தம் தானம் செய்ய 10 நிமிஷங்களே ஆகும். ஒருவருக்குத் தொலைபேசி செய்ய ஆகும் நேரத்தை விடக் குறைவுதான்.

- ரத்த தானம் செய்த பிறகு ஓய்வு அவசியமா?

ரத்த தானம் செய்த பிறகு, ரத்த வங்கியிலிருந்தோ அல்லது முகாமிலிருந்தோ உடனடியாகச் செல்லக்கூடாது. மாறாக, குளிர்பானம், பிஸ்கட் சாப்பிட்டு 15 நிமிஷம் ஓய்வு எடுக்கவேண்டும். அடுத்த வேளை உணவை நன்றா-கச் சாப்பிடுவது நல்லது. உங்களது தினசரி வேலைகளைத் தொடர்ந்து செய்யலாம்.

6. சிவப்பு இரத்தம் இல்லாத...

மனித இரத்தம் சிவப்பாக இருக்கும். விலங்குகளுக்கும் சிவப்பு ரத்தம் உண்டு. ஆனால், சில வகையான விலங்குக-ளின் உடலில் சிவப்பு நிற இரத்தம் இல்லை. அவை எவை என்பது பற்றியும் அதன் காரணங்கள் பற்றியும் இந்தப் பதி-வில் பார்ப்போம்.

நம் உடலில் இரத்தம் சிவப்பாக இருப்பதன் காரணம்: நம் உடலில் ஹீமோகுளோபின் என்ற புரதம் இருக்கிறது. ஹீமோகுளோபினில் உள்ள இரும்புடன் ஆக்ஸிஜன் இணையும்போது, அது இரத்தத்திற்கு சிவப்பு நிறத்தை அளிக்கிறது.

சிவப்பு நிற இரத்தம் இல்லாத 11 வகை விலங்கினங்கள்:

குதிரைவாலி நண்டு: இதனுடைய இரத்தம் நீல நிறமாக இருக்கும். ஏனென்றால், இதன் உடலில் இரத்த அணுக்-களை உற்பத்தி செய்யும் ஹீமோகுளோபினுக்குப் பதிலாக ஹீமோசயானின் என்ற நிறமி உள்ளது. அதனால் அதன் இரத்தம் நீல நிறத்தில் உள்ளது.

ஆக்டோபஸ்: இதனுடைய இரத்தமும் நீல நிறத்தில் இருக்கும். இது கடலில் வாழும் ஒரு உயிரினம். மிகவும் குளிர்ந்த பிரதேசத்தில் எப்போதும் வசிக்கிறது. அதனால் ஹீமோகுளோபினுக்குப் பதிலாக ஹீமோசயானின் என்ற நிறமி உள்ளது.

இறால் மற்றும் சிலந்தி: இவையும் நீல நிற இரத்தமே உடலில் கொண்டுள்ளன. இவற்றின் உடலிலும் ஹீமோச-யானின் இருக்கிறது. அவையே இவற்றுக்கு ஆக்சிஜனை சுமந்து செல்ல உதவுகிறது. அதனால் இவற்றின் இரத்தமும் நீல நிறத்தில் இருக்கிறது.

லீச் என்ற அட்டைப்பூச்சி தனது உடலில் பச்சை நிற இரத்தத்தைக் கொண்டிருக்கிறது.

வேர்க்கடலைப் புழுவின் உடலிலும் பச்சை நிற இரத்தம் இருக்கிறது.

இதேபோல், கரப்பான் பூச்சி, பூரான், ரயில் பூச்சி எனப்-படும் மரவட்டை போன்றவற்றிற்கும் சிவப்பு நிற இரத்தம் இல்லை. அதற்கு பதிலாக நிறமற்ற அல்லது வெள்ளை நிற இரத்தத்தை கொண்டுள்ளன.

கடல் வெள்ளரி எனப்படும் கடல் விலங்குக்கு மஞ்சள் நிற இரத்தம் இருக்கும். இதன் உடலில் வனபின் என்கிற நிறமி இருக்கும். அது அதனுடைய இரத்தத்தை மஞ்சள் நிறத்தில் வைத்திருக்கிறது.

ஐஸ் பிஷ் எனப்படும் விலங்குக்கு தெளிவான இரத்தம் இல்லை. ஏனென்றால், இதன் உடலில் முற்றிலும் இரத்த அணுக்களே இல்லை.

உடலில் இரத்தம் சிவப்பாக இருப்பதற்கு ஹீமோகுளோபின் தேவை. இந்த விலங்குகளுக்கு இரும்புக்கு பதிலாக தாமிரம் அல்லது வெனடியம் போன்ற உலோக அயனிகளின் இருப்பு அவற்றின் இரத்த நிறத்தை மாற்றுகிறது. ஐஸ் பிஷ், இறால், கடல் வெள்ளரி போன்றவை மிகவும் குளிர்ந்த நீர் சூழ்நிலையில் இருப்பதால் இவற்றின் இரத்தம் சிவப்பாக இல்லை. அதுமட்டுமின்றி, இந்த விலங்கினங்களின் உடலில் மெட்டபாலிசம் வேறுபடுகிறது. மேலும், ஆக்சிஜன் அளவு கம்மியாக இருந்தாலும் குறைவாக இருந்தாலும், இரும்புக்குப் பதில் தாமிரம், வெனடியம் இருந்தாலும் உடலில் உள்ள இரத்தத்தின் நிறம் மாறுகிறது.

0

7. *குருதிக் கொடை*

- குறும்பலாப்பேரிப் பாண்டியன்

ஓர் இனிய மாலைப்பொழுதில் அந்தக் கலை அறிவியல் கல்லூரி மிகவும் பரபரப்பாய் இயங்கிக் கொண்டிருந்தது. மறுநாள் கல்லூரியில் குருதிக் கொடை நிகழ்வு (இரத்ததான முகாம்) ஒன்று நடைபெற இருந்ததே அதற்குக் காரணம்.

அரசுத்துறை, ஒரு தனியார் தொண்டு நிறுவனம் இவற்றுடன் இணைந்து அந்தக் கல்லூரியே முன் நின்று குருதிக் கொடை நிகழ்வை நடத்த இருந்தது. அதற்கான முன்னேற்பாடுகளில்தான் பேராசிரியர்களும் மாணவர்களும் முனைந்திருந்தார்கள்.

குருதி கொடுக்க வரும் கொடையாளிகளாகிய சுற்றுப்புற மக்களுக்கு வழி காட்டவும் உதவிகள் செய்யவும் தேவையான வேறு பணிகளைச் செய்யவும் பல மாணவ மாணவியர்

தன்னார்வலர்களாகப் பெயர் கொடுத்திருந்தார்கள்.

கல்லூரியில் ஏறத்தாழ அத்தனை மாணவ மாணவியருமே குருதி கொடுக்கத் தயாராக இருந்தார்கள்.

நான்கைந்து நாட்களாகவே பேராசிரியர்கள் குருதிக் கொடையைப் பற்றி வகுப்புகளில் பேசிப் பேசி ஒரு விழிப்பு-ணர்வை ஏற்படுத்தியிருந்தார்கள்.

குருதியில் என்னென்ன வகைகள் இருக்கின்றன, யார் யாருக்கு எந்த வகைக் குருதி பொருந்தும் என்பதெல்லாம் இப்போது மாணவர்களுக்கு அத்துப்படி ஆகியிருந்தது.

குருதி கொடுப்பவர்களுக்கு அரசு உயரதிகாரி கையொப்-பமிட்ட சான்றிதழ் கிடைக்கும். இந்த நிகழ்வால் கல்லூரிக்கு மிகவும் பெருமை கிடைக்கும் என்றெல்லாம் கூறிப் பேராசி-ரியர்கள் மாணவர்களுக்கு ஊக்கமூட்டியிருந்தார்கள்.

குருதி கொடுத்த உடனே சுவையான திண்பண்டங்களும் கிடைக்கும் என்று ஆசையும் காட்டியிருந்தார்கள், சில குறும்புக்காரப் பேராசிரியர்கள்.

இப்படியாக ஒரு பெருத்த எதிர்பார்ப்புடனும் நிகழ்ச்சி நன்றாக நடக்கவேண்டுமே என்ற பதைபதைப்புடனும் சிறப்-பாக நடந்தேறி வெற்றி பெறும் என்ற நம்பிக்கையுடனும் அந்தக் கல்லூரி இயங்கிக் கொண்டிருந்தது.

கல்லூரி முதல்வரும் தமிழ்த்துறைத் தலைவருமான தங்-கப்பன், தம் அன்பிற்கும் நம்பிக்கைக்கும் உரிய முதுகலைத் தமிழ் இரண்டாம் ஆண்டு மாணவன் இசைவாணனிடம் இப்படிக் கூறிக் கொண்டிருந்தார் —

"''இசைவாணா, உன்னைத்தான் பெரிதும் நம்பிக்கொண்-டிருக்கிறேன்... கல்லூரி மாணவர் தலைவன் நீ! உனக்குக் கூடுதல் பொறுப்புகள் நிறைய இருக்கின்றன. காலை எட்-டரை மணிக்கே வந்துவிடுவாய் அல்லவா?''

"''உறுதியாக வந்துவிடுவேன் ஐயா!''

என்று பணிவோடு கூறிவிட்டு விடைபெற்றான் இசைவா-ணன்.

ஆனால் இசைவாணன் சொன்ன சொல்லைக் காப்-பாற்றவில்லை! ஆம், இசைவாணன் மறுநாள் கல்லூரிக்கு வரவேயில்லை. தவித்துப் போய்விடடார் கல்லூரி முதல்வர்.

இசைவாணனின் தங்கை இளவரசியும் அதே கல்லூரியில் இளங்கலைத் தமிழ் இரண்டாம் ஆண்டு படித்துக் கொண்டி-ருந்தாள்.

அவளை அழைத்துவரச் செய்த முதல்வர், ""எங்கே இசை-வாணன்? ஏன் இன்னும் அவன் வரவில்லை?" என்று உறு-மினார்.

நடுநடுங்கிப் போன இளவரசிக்குக் கிட்டத்தட்ட அழுகையே வந்துவிட்டது. ""தெரியவில்லை ஐயா, காலையில் நான்கு மணிக்கே அண்ணனும் அப்பாவும் மரக்காணத்திற்குப் போவதாய்ச் சொல்லிவிட்டுப் போனார்களாம்... பாட்டிதான் சொன்னார். அண்ணனின் அலைபேசிகூட வீட்டில்தான் இருக்கிறது. அப்பாவின் அலைபேசி அணைத்து வைக்கப்-பட்டிருக்கிறது."

"என்னது மரக்காணத்திற்கா? அங்கே எதற்குப் போனான்? இங்கே கல்லூரியில் இவ்வளவு சிறப்பானதொரு நிகழ்ச்சி நடைபெறுகிறது. இதைவிட அவனுக்கு அங்கே என்ன பெரிய வேலை? உன் அப்பாவிற்காவது தெரிய வேண்டாமா? பள்ளி ஆசிரியர்தாமே அவர்! வரட்டும் உன் அண்ணன் — கல்லூரியை விட்டே தூக்கிவிடுகிறேன் பார்!" கொதித்துப் போய் பேசினார் முதல்வர்.

இளவரசி கலங்கிய கண்களுடன் அமைதியாய் வெளி-யேறினாள்.

ஒருவர் இல்லை என்பதற்காக இந்த உலகம் சுற்றுவதை நிறுத்தி விடுவதில்லையே... இசைவாணன் இல்லாமலேயே நிகழ்ச்சி சிறப்பாக நடந்தேறி வெற்றிகரமாக நிறைவு பெற்-றது.

குருதி கொடுத்த பொதுமக்களெல்லாம் சான்றிதழ்களைக் கையோடு கொடுத்து விட்டார்கள். ஆனால் மாணவர்க-ளுக்கு மாலையில் விழா வைத்து அரசு உயர் அதிகாரி

கையால் சான்றிதழ் கொடுப்பதாக ஏற்பாடு.

ஆகவே வீட்டுக்குப் போய் இளைப்பாறிவிட்டுப் புத்துணர்-
வோடும் புத்தாடைகள் அணிந்தும் மாணவ மாணவியர்
மாலையில் கல்லூரியில் கூடத் தொடங்கினார்கள்.

அப்போது வியர்வை பொங்கி வழிய, கசங்கிய உடை-
களுடன் களைத்துப் போனவனாய்க் கல்லூரிக்குள் நுழைந்-
தான் இசைவாணன்.

உடனே பாதுகாப்பு வளையம் அமைப்பது போல அவனைச்
சூழ்ந்துகொண்ட அவன் தோழர்கள் அவனைக் கல்லூரி
முதல்வரின் அறைக்கு அழைத்துப் போனார்கள்.

நெருப்புப் பார்வையால் அவனைச் சுட்டெரித்துக் கடுஞ்-
சொற்களால் அவனைத் துளைத்தெடுக்கப் போகிறார் முதல்-
வர் என்று அஞ்சியபடியே வந்த தோழர்கள், அவர் புன்-
சிரிப்போடு இசைவாணனைக் கட்டி அணைத்துக் கொண்ட-
போது வியப்பின் உச்சிக்கே போனார்கள்.

"அப்பாவிடமிருந்து இப்போதுதான் தொலைபேசியில்
செய்தி கேள்விப்பட்டேன். மிகவும் மகிழ்ச்சி... பெருமையாக
இருக்கிறது... வா, மேடைக்குப் போவோம்" என்று கனி-
வுடன் பேசி, அவனைத் தன்னுடனே முதல்வர் அழைத்துச்
செல்ல, வாய்பிளந்து, குழம்பியபடியே பின் தொடர்ந்தது
நண்பர்கள் கூட்டம்.

விழா மேடையில் இசைவாணனை நிற்க வைத்துக் கல்-
லூரி முதல்வர் பேச ஆரம்பித்தார் ——

"எனதருமை மாணவச் செல்வங்களே! இன்று அதி-
காலை மூன்று மணியளவில் மரக்காணத்தில் இரண்டு
பேருந்துகள் மோதிக் கொண்டுப் பல உயிர்களைக் காவு
வாங்கிய துன்பச் செய்தியை நீங்கள் கேள்விப்பட்டிருப்பீர்-
கள்...

அந்த விபத்திலே படுகாயமடைந்து உயிருக்குப் போராடிக்
கொண்டிருந்தவர்களுக்கு உடனடியாகக் குருதி தேவை
என்று உள்ளூர்த் தொலைக்காட்சி நிலையம் ஒளிபரப்பிய
செய்தியைப் பார்த்த நம் இசைவாணன், உடனேயே தன்

அப்பாவுடன் கிளம்பி மரக்காணத்துக்கு ஓடியிருக்கிறான்.

அவனும் அவன் அப்பாவும் கொடுத்த குருதி, மூன்று உயிர்களைக் காப்பாற்றியிருக்கிறது. படுகாயமடைந்தவர்க-ளின் உறவினர்கள் வரும்வரை அவர்களுக்குத் துணையாக-வும் இருந்துவிட்டு வந்திருக்கிறான் நம் இசைவாணன்.

நம் கல்லூரிக்குப் பெருமை வரவேண்டும்... நல்ல பெயர் கிடைக்கும்... சான்றிதழ் பெறலாம் போன்ற உள்நோக்கங்க-ளையெல்லாம் வைத்துக் கொண்டுதான் நாமெல்லாம் குரு-திக் கொடை அளித்தோம். ஆனால் இசைவாணன் அளித்த குருதிக் கொடை எந்த உள்நோக்கமுமின்றி, உயிர்களைக் காக்க வேண்டுமே என்ற பொறுப்புணர்வில் அளிக்கப்பட்ட கொடை!

அதுவே உயர்ந்தது! அதுவே சிறந்தது! இசைவாணனின் அருள் உள்ளத்தைப் பாராட்டும் முகமாய் அனைவரும் எழுந்து நின்று கைதட்டும்படிக் கேட்டுக் கொள்கிறேன்..."

மாணவர்களும் பேராசிரியர்களும் அதிகாரிகளும் மற்ற-வர்களும் எழுப்பிய கரவொலி ஓசையில் கல்லூரிக் கட்டி-டங்களே அதிர்ந்தன!

8. குருதியில் பூத்த மலர்

- வெ. ராம்குமார்

"ஊரே மொத்தமா இந்த எட்டு வருஷத்துல ரொம்ப மாறியிருக்கு முருகா... போற வழியே இப்படியிருந்தால், நம்ம ஊரு எப்படியிருக்கும்?" ஸ்ரீதர் கேட்டபடியே வர,

சாலையை நோக்கி காரை வேகமாக ஓட்டி வந்த முரு-கன் திரும்பிப் பார்க்காமல், ஓட்டுவதில் மட்டும் கவனம் செலுத்தியபடி பதில் சொன்னான்... "ஆமாம்யா"

"எங்கே பாரு... திரும்பின இடமெல்லாம் விளைச்சல் நிலங்களை பிளாட் போட்டிருக்காங்க... இப்படியே போனால், கூடிய சீக்கிரமே நம்ம நாட்டுல விவசாயம் அழிஞ்சு போயிடுமே..."

“”நீங்க சொல்றது உண்மைதான்ய்யா... ஊர்ல பருவ மழை பொய்த்துப் போச்சு... அப்படியே அறுவடை நேரத்-துல மழை பெய்ஞ்சாலும், பயிர் எல்லாம் தண்ணியிலே மூழ்கிப் போயிடுது. நம்ம ஜனங்களும் எவ்வளவு நாள்தான் கடன் வாங்கி விவசாயம் செய்வாங்க.... இப்போதைக்கு விவசாயம்கிற தொழிலே நஷ்டம்தான்யா... அதான் ஊருக்-குள்ளே எல்லாரும் விளைநிலத்தை ரியல் எஸ்டேட்காரனுங்-கிட்டே வித்துட்டு, வந்த பணத்துல வீடு கட்டி, பேங்க்ல போட்டுட்டு நிம்மதியாயிருக்கிறானுவ...”

“மண்ணோட அருமை இப்ப நமக்கு தெரியாது முருகா... அடுத்த தலைமுறை சாப்பாட்டுக்கே கஷ்டப்ப-டும்போதுதான் தெரியும்.. வண்டியை நிறுத்து...”

வண்டியை நிறுத்தினான்.

“பின்னாடி எடு. முருகா நாம கீழ்பள்ளி ஊர் வழியா போயிடலாம். இப்படியே போனால் நம்ம ஊருக்கு சுற்றித்-தான் போகணும்”

“”வேணாம்ய்யா”

“ஏன் முருகா?”

“அய்யா உங்களுக்கே நல்லாத் தெரியும்... நம்ம ஊர்க்-காரங்களுக்கும், கீழ்பள்ளிகாரங்களுக்கும் எப்பவுமே ஆகா-துன்னு... ஏற்கெனவே நாமளும், அவனுவளும் எப்படா வஞ்சம் தீர்க்கலாம்ன்னு துடிச்சுட்டு இருக்கோம். அதுமட்-டுமில்லாம, இப்ப கீழ்ப்பள்ளி ஊர் தலைவர் வேற இறந்து போய்ட்டாரு... பிரச்னை பெருசா ஆகும்... நாம் இப்ப-டியே போயிடலாம்ய்யா....”

“எத்தனை வருஷமானாலும் நம்ம ஊர்ல இன்னும் இந்த ஜாதி சண்டை மட்டும் தீரலையா...? நீங்களெல்லாம் இன்-னும் திருந்தலையா.. என்ன பிரச்னை வந்தாலும் நான் பார்த்துக்கறேன்....வண்டியை ஊருக்குள்ளாறே விடு”.

கடவுள் மீது பாரத்தை வைத்தவனாய், வண்டியை கீழ் பள்ளியை நோக்கி செலுத்தினான் முருகன்.

“ஆறு, குளம், குட்டையெல்லாம் மழை இல்லாமல் காஞ்சு போய் கெடக்கு... தூர் வாரினாத்தானே... ஏன் முருகா இந்த நூறு நாள் வேலைத் திட்டத்துல வேலை செய்யறவங்க எல்லாம் தூர் வாருகிற வேலையைக் கூட செய்ய மாட்டாங்களா?”

ஸ்ரீதர் தனக்குத்தானே ஆதங்கத்தைக் கொட்டியபடியே வந்தான்.

கீழ்பள்ளி ஊருக்குள் நுழைய நுழைய முருகனின் முகம் பயத்தில் மாறியபடியேயிருந்தது. எந்த நேரத்திலும் எதுவும் நடக்கலாம்கிற பீதி அவனது முகத்தில் தெரிந்தது.

ஊர்க்காரர்கள் வண்டியை பார்த்ததும், வழி மறித்து மடக்கவே, முருகனும் ஸ்ரீதரும் பிணையக் கைதிகளாக இறங்கினர்.

“யார்ன்னு தெரியுதா மாப்ளே?” ஊர்க்காரன் ஒருவன் கேட்க....

“வேற யாரு... பெரிய பள்ளி ஊர் தலைவரோட ஒரே பையன். வெளி நாட்லயிருந்த வர்றான் போலிருக்கு...”

“ஓஹோ... அது சரி, எங்க ஊருக்குள்ளே ஏன் தம்பீகளா வந்தீக? வேவு பார்க்கவா? அல்லது ஊர்த்தலைவர் மட்டும்தான் செத்தாரா அல்லது ஊரே செத்துப்போச்சான்னு பார்க்க வந்தீகளா? சொல்லுங்கடா...”

“நீங்கள் எல்லாம் தப்பா புரிஞ்சுகிட்டீங்க.. நான்தான்” என ஸ்ரீதர் சொல்லி முடிக்கும் முன்னரே, “அய்யா! இவனுங்க எல்லாம் ஒரு மனுஷன்னு சொல்லிட்டு.. இவனுங்களுக்கு போய் ஏன் மரியாதை கொடுக்கறீங்க... இவனுங்க கெடக்கறானுங்க... நீங்க ஏறுங்க வண்டியிலே...” என முருகன் கூறியதும்தான் தாமதம்.

ஒருவன் முருகனின் முகத்தையும் மற்றவன் ஸ்ரீதரின் மூக்கையும் பதம் பார்க்க, மற்றவர்களோ உருட்டை கட்டைகளால் கார் கண்ணாடிகளைப் பதம் பார்த்தார்கள். உடனே துரிதமாக செயல்பட்ட முருகன் அடிகளை வாங்கியவாறு காருக்குள் ஏறி வண்டியை ஸ்டார்ட் செய்து முன்னேற,

வேகமாக ஓடி வந்த ஸ்ரீதரும் வண்டிக்குள் ஓடி வந்து அமர்ந்தான்.

“நான் அப்பவே சொன்னேனே, கேட்டீங்களாய்யா? ஊர்லயிருந்து வெளிநாடு போய் வந்த நீங்க வேணும்ன்னா மாறியிருக்கலாம்... ஆனால் நாங்க மாறமாட்டோம்யா.. செத்தானுங்க பாருங்கய்யா.... எப்படியும் ஊர்த்தலைவரோட உடம்பை எடுத்துட்டு நம்மூரை தாண்டித்தானே சுடுகாட்டுக்கு போகணும்... அப்ப இருக்குய்யா இவனுங்களுக்கு”

இப்போதுதான் ஸ்ரீதருக்கு பிரச்னை சீரியஸ் ஆன விஷயம் தெரிந்தது. “”முருகா! முதல்ல பக்கத்துல உள்ள ஆஸ்பத்திரிக்கு போ. நம்ம இருவரது உடம்பிலும் ஒரே இரத்தம். கட்டு போட்டுடலாம். அதுபோல, அப்பாகிட்டேயும் நம்ம ஊர்க்காரனுங்ககிட்டேயும் நடந்த விஷயத்தை சொல்லாதே...”

முருகனுக்கு சட்டென முகம் மாறியது... முகத்தை கொடூரமாக வைத்தபடி, “”சரி” என்றான்.

“வாவ்! கீழ்பள்ளியில் இவ்வளவு பெரிய ஸ்கூலா?”

“ஆமாம். இது கீழ்பள்ளி தலைவரோட பள்ளிக்கூடம் அவரோடு திருமணமாகாத பெண்தான் நிர்வகிக்கிறாங்க...”

“வெரிகுட். நம்ம ஊர்ல இப்ப புதுசா ஏதாவது ஸ்கூல் திறந்திருக்கங்களா இல்லையா முருகா?”

“இருந்த ஒரே ஸ்கூலுக்கும் படிக்க பசங்க வரலைன்னு இழுத்து மூடியாச்சு... பசங்க எல்லாம் ஊர் சுத்திட்டும், வேலைக்குமா போய்ட்டு இருக்காங்க”

“நான்சென்ஸ். நம்ம ஊர்ல பசங்களுக்காக நான் பள்ளிக்கூடம் கட்டி, நல்ல கல்வி தர்றேன்... அதுக்குத்தானே இங்கே வந்திருக்கேன்”

இருவரும் பேசியபடியே மேல்பள்ளிக்குள் நுழைந்து ஸ்ரீதரின் வீட்டின் முன்னே வண்டி நிற்க, ஊரே ஸ்ரீதரின் வீடு முன்பு கூடியிருந்தது.

தலையிலும், மூக்கிலும் கட்டு போட்டபடி இறங்கிய இருவரையும் பார்த்து ஸ்ரீதரின் அப்பா பெருமாள் பதறிப்போ-

னார்.

"என்னப்பா ஆச்சு?"

"ஒண்ணுமில்லைப்பா... வண்டி மரத்துல மோதினதால சின்ன விபத்து. வேறு ஒண்ணுமில்ல"

பெருமாள் இப்போது பெருமூச்சு விட்டபடியே, ""லக்ஷ்மி நம்ம பையனுக்கு வந்து ஆரத்தி எடும்மா..." எனக் கூற-வும்,

ஸ்ரீதரின் தாய் மகனை கட்டியணைத்து, ஆரத்தி எடுத்த-படி உள்ளே அழைத்துச் சென்றாள்.

பெருமாளும் உள்ளே செல்ல எத்தணிக்கவும், ""அய்யா ஒரு நிமிஷம்"

"என்ன முருகா... என்ன விஷயம்?"

"நம்ம வண்டி விபத்துல மாட்டல" என்று கூறிவிட்டு நடந்ததையெல்லாம் கூறினான் முருகன்.

பெருமாளுக்கு கோபம் தலைக்கு மேல் வந்தது. ""எடுங்-கடா கத்தி, அருவாளை" எனக் கத்த ""வேணாம்ய்யா. இப்ப வேண்டாம். நாளைக்கு ஊர்த்தலைவரோட பிணத்தை இப்படித்தான் கொண்டு வருவாங்க... அப்ப பார்த்துக்கலாம், அவரோட பிணம் இங்கே வரும்போது, பல பிணம் மண்ணுல விழணும்.... அதே நேரத்துல சில பேர் கீழ் பள்ளிக்குள்ளே புகுந்து வீட்டை எல்லாம் கொளுத்திடலாம்ய்யா...."

முருகனின் ஐடியா பெருமாளுக்கும், ஊரிலுள்ள சாதி வெறி ஆண்களுக்கும் பிடித்துப் போனதால், அவனுடைய ஐடியாவுக்கு ஆதரவு தெரிவித்தார்கள்.

வீட்டு மாடியிலிருந்து இதையெல்லாம் கேட்டுக்கொண்டி-ருந்த ஸ்ரீதரோ இந்த ஊர்க்கலவரத்தை எப்படி நிறுத்துவது என்று யோசித்தான். அப்போது அவன் மனதில் ஒரு எண்-ணம் மின்னல் வெட்டாய் தோன்றி மறைந்தது.

கீழ்பள்ளி...

நாகராஜ் சிந்தனையில் தன் தந்தையின் சடலத்தை வெறித்துப் பார்த்தபடியேயிருக்க...

“என்ன நாகராஜ்? ஆனது ஆச்சு... இனி நடக்கப் போவதைப் பார்க்கலாம்” என்றார் ஊர்ப்பெரியவர் ஒருவர்.

“அப்பா இறந்தநாள் இன்னைக்கு தேவையில்லாமல் எல்லோரும் சேர்ந்து பிரச்னை பண்ணிட்டீங்களே பெரி-யப்பா... சுடு காட்டுக்கு போகும்போது கண்டிப்பா மேல் பள்ளிக்காரங்க பிரச்னை பண்ணுவாங்களே... என்ன பண்-றது?”

“”ஏய் நீ நம்ம சாதிக்காரனாலே? பிரச்னை பண்ற-தற்காகத்தான், புது பிரச்னையை ஆரம்பிச்சது... நாளை-யோட இந்தப் பிரச்சனை இரத்தத்துலத்தான்லே முடிவுக்கு வரும். இது ஊர்ப் பிரச்சனை. நாளைக்கு எதுவும் நடக்-கும்...நீயும் எல்லாத்துக்கும் தயாராயிரு. ஏலே மாடசாமி. நம்ம ஊர்க்காரனுகல எல்லா ஆயுதத்தையும் எடுத்து வைக்-கச் சொல்லு....”

“சரிங்கய்யா...”

இப்போது நாகராஜ் வயிற்றில் புளி கரைக்க ஆரம்-பித்தது.”” கடவுளே! பிரச்சனை ஏதுமில்லாமல் அப்பா சடலத்தை புதைக்கணும்...” எனக் கடவுளிடம் வேண்ட ஆரம்பித்தான்.

ஸ்ரீதர் மணியைப் பார்த்தான். பெரியவர் சடலத்தை எடுக்கும் நேரம்... இப்போது கீழ் பள்ளிக்கு ஊர்த் தலைவர் வீட்டுக்குப் போனால் சரியாகயிருக்கும் என்றபடியே தனது இரு சக்கர வாகனத்தை மிதித்தான். ஊருக்குள் செல்லாமல் மெயின் ரோடு வழியாக கீழ்பள்ளியை அடைந்தான். அவன் சென்ற நேரம் சடலம் எடுத்து ஊரிலுள்ள ஆண்கள் அனைவருமே சென்றிருந்தனர். அவன் ஊர்த்தலைவரின் வீட்டுக்குள் நுழைந்தான். ஸ்ரீதரைப் பார்த்ததும், அனைத்துப் பெண்களும் மிரண்டு போய் எழுந்து நிற்க, ஸ்ரீதர் ஊர்த்-தலைவரின் மகள் சந்திராவின் முன்பு போய் நின்று பேச ஆரம்பித்தான்.

மேல் பள்ளியின் ஊர் எல்லையில்...

வாக்குவாதம் முற்றிக் கலவரமாகிக் கொண்டிருந்தது. அனைவரது கையிலுள்ள ஆயுதங்களால் ஒருவரையொரு-வர் தாக்கிக் கொள்ள ஆரம்பிக்க...

ஊர்த் தலைவரின் சடலம் தூரத்தில் அனாதையாக இறக்கி வைக்கப்பட்டிருந்தது. அப்போது யாரும் எதிர்பாராத விதமாய் அந்த இரு சக்கர வாகனம் புழுதியைக் கிளப்பிக் கொண்டு வந்தது. கலவரக்காரர்கள் அனைவரும் அதிர்ந்து போனார்கள். அனைவரது கையிலிருந்த ஆயுதங்களும் நழுவிக் கீழே விழுந்தன. வண்டியிலிருந்து ஸ்ரீதர் இறங்கி-னான். அவனைத்தொடர்ந்து சந்திராவும் இறங்கினாள்.

“என்னடா இதெல்லாம்?” பெருமாள் கேட்கவும்,

“அப்பா இந்தக் கலவரத்துக்கு காரணமே நான்-தான்....அதான் நானே ஒரு முடிவுக்கு வந்திடலாம்ன்னு இந்த முடிவை துணிச்சலா எடுத்தேன்... நானும், சந்திரா-வும் திருமணம் பண்றதா முடிவு பண்ணிட்டோம்... உங்-களுக்கு சாதி, பணம், அந்தஸ்து முக்கியம்ன்னா முதல்ல எங்க ரெண்டு பேரையும் வெட்டுங்க”

“புரியாமல் பேசாதேடா. நீ இப்படி வா. நீ இவளைக் கட்-டினா, நீயும் எங்களுடைய எதிரிதான். உன்னை கொன்னு கூறுபோட்டுடுவேன்” என பெருமாள் கர்ஜிக்கவும்,

“‘நான் இந்த ஊருக்கு வந்ததே நாம எல்லாம் ஒற்று-மையாயிருக்கணும்னுதான்.... நான் பள்ளிக் கூடம், ஆஸ்-பத்திரி எல்லாம் கட்டி, வேலையில்லாதவங்களுக்கு வேலை வாய்ப்பு வாங்கித் தர ஆசைப்படறேன்.... உங்களுடைய தலைமுறையோடு இந்த சாதி வெறி, பண வெறிக்கு எல்-லாம் முற்றுப்புள்ளி வெச்சிடுங்க... நம்ம இரு கிராமமும் மற்ற ஊர்களுக்கு முன்னுதாரணமாய் இருக்கணும். நம்ம ஊர் ஒற்றுமைக்காக நாங்க இருவரும் எல்லோருடைய கால்ல விழுந்து மன்னிப்பு கேட்கவும் தயாராயிருக்கோம்” என்றபடி சந்திராவும், ஸ்ரீதரும் ஊர்க்காரர்கள் முன்பு மண்-டியிட...

“நீங்க எங்கவூர் மாப்பிள்ளை... நீங்க யார் கால்லயும் விழ வேண்டாம் மாப்ளே...” என்று முன்னே வந்தான் நாகராஜ்.

“உனக்காகவும், இந்த ஊர் மக்களுக்காகவும் இதுவரை நான் உருப்படியா செய்யலை... அதனால உன் முடிவை ஆதரிக்கறேன்ப்பா” என்று பெருமாளும் கூற,

ஊர்மக்கள் அனைவரும் தலை கவிழ்ந்தபடியே. ஊர்த் தலைவரது சடலத்தை தூக்க ஆரம்பித்தார்கள்.

ஸ்ரீதர்-சந்திராவின் முகத்திலோ இப்போது வெற்றிப் புன்னகை.

9. குருதி களம் - ஈரோடு காதர்

ரகு அசந்து துங்கி கொண்டிருக்கையில் அவனது மொபைல் சினுங்கியது. தூக்க கலக்கத்தில் போனை எடுத்து பார்த்தால் சையது.

“ஹலோ” எதிர் முனையில் ஏதோ செய்தி கேட்டு.

“எப்போ?எப்படியாச்சு?”என்ற கேள்விக்கு பதில் கிடைத்த உடனே,

“இதோ உடனே இப்பவே கிளம்பறேன்” என்று சொல்லிவிட்டு பெட்ருமை விட்டு வெளியே வந்தான்.

ஹாலில் இருந்த ஸ்ரீநிவாசன்

“ரகு என்னப்பா அதுக்குள்ள எந்திருச்சட்ட.. ராத்திரி லேட்டா தான வந்த.. அதுவும் பஸ் டிராவல் வேற டையர்ட இருக்கும்ல இன்னும் சித்த நாளி தூங்கலாமல்லபா?” ன்னார், சமையலறையில் இருந்து வந்த ஜானகியும் அதையே கேட்டார்.

“நான் உடனே சென்னை கிழம்பனும்” னுனான் ரகு

“சென்னையா...? பொங்கல் லீவுனு நைட்டு தானே வந்தே அதுக்குள்ள எதுக்கு?” னு கேட்டார் ஸ்ரீநிவாசன்.

“அப்பா... சென்னைல இருந்து சையது போன் செய்தான். அங்க கிரிஷ்டோருக்கும் அவன் தங்கை ஜூலிக்கும்

ஏக்ஸிடென்ட் ஆகிருச்சாம்"

"ஐயோ பெருமாளே.. என்னாச்சு?

யாருக்கும் எதும் ஆகலைல!? ஜூலி வேற மாசமானோ இருந்தால்" னு படபடப்புடன் கேட்டார் ஜானகி.

"இல்லமா.. ஜூலிக்குதான் அடி பலமாம் இரண்டு பேரும் ஐ.சி.யு ல இருக்கிக்காங்கலாம் ஜூலிக்கு ஆபரேசன் பண்ணனுமாம் அதனால பிளட் வேணுமாம் என் பிளட்டும் ஜூலி பிளட்டும் சேம் அதனால சையது உடனே வரச் சொன்னான் அதான் கிளம்பரேன்"

"ஐயோ பெருமாளே.. இது என்ன சோதனை" என்று கேட்டவாரே எப்ப எப்படி கிளம்பரேப்பா?" னு கேட்டார் அப்பா.

"இப்பவே ரெடியாகி.. 8.30 மணி இன்டர்சிட்டிய புடுச்ச மதியமெல்லாம் அங்கபோயிரலாம்பா"

"சரிசரி அப்ப உடனே கிளம்பு"

ரகு குளித்து ரெடியாகி வருவதற்குள் அம்மா அவசரமாக காலை டிபன் செய்து வைக்க அதை சாப்பிட்டு கொண்டே

"மா அப்பா எங்கே"

"தெரியலே எங்கேயோ வண்டி எடுத்துண்டு வெளியே போனார் நீ சீக்கிரம் சாப்பிடு" என்று கூறிவிட்டு ஜானகி பூஜைஅறைக்குள் சென்றாள்.

அம்மா உள்ளே பூஜைசெய்வதை கேட்டவாறே தானும் மனதினுள் எம்பெருமானே அங்க ரெண்டு பேருக்கும் எதுவும் ஆக கூடாது என்ற வேண்டுதலோடு அவசரமாக இட்லியை சாப்பிட்டு முடிக்கவும் அம்மா பூஜையை முடித்து பூஜை தட்டில் தீபத்துடன் வெளியே வந்து ரகுவிடம் நீட்ட ரகுவும் தீபத்தை தொட்டு வணங்க... ரகுவின் நெற்றியில் பொட்டு வைத்து விட்டு

"அந்த பெருமாள் தயவால் யாருக்கும் எதுவும் ஆகாதுபா" என்றாள் அம்மா.

வெளியே வண்டி நிறுத்தும் சத்தம் கேட்டு இருவரும் வெளியே வர அங்க ஸ்ரீநிவாசன்

“என்னப்பா ரெடியா” என கேட்டு கொண்டே தன்சட்டை பாக்கெட்டிலிருந்து சில இரண்டாயிரம் ரூபாய் தாள்களை எடுத்து ரகுவிடம் கொடுத்து விட்டு

“அங்க ஏதும் செலவுக்கு வெச்சுக்கோ மறுபடியும் வேணும்னா போன் பண்ணு நான் ஏதாவது அரேஞ் பண்ணி அக்கவுண்டல கூட போட்டுறேன்.. நீ சாப்பிடுட்டையா? முடிஞ்ச பொங்கலுக்கு வா இல்லைனா அங்கயே இருந்து அவங்களுக்கு துணையா இரு பொங்கல அடுத்த வருஷம் கூட கொண்டாடிக்கலாம்” னு சொல்லும் போதே அவர் வரும் வழியில் வரச்சொன்ன ஆட்டோவும் வந்து நின்றது.

“அந்த பகவான் கருணையால யாருக்கும் எதுவும் ஆகாதுபா நீ அங்க போயிட்டு உடனே போன் பண்ணு” னு சொல்லி ஆட்டோவில் ஏற்றி ரகுவை அனுப்பி விட்டு திரும்பும்போது ஜானகி கண்ணீருடன் நிற்பதை பார்த்து

“ஒன்னும் ஆகாதுடிமா கவலைபாடதே”

“இல்லே..னா எனக்கு ஆபரேசன் பண்ணி சென்னையில இருந்தச்சே ஒரு மக இல்லாத குறையா.. பார்த்துண்டா அந்த ஜூலி, பெட்பேன் வெச்சு எடுத்து பாத்ரும் பொரச்ச... முதல் குளிக்கற வரைக்கும் விடிய விடிய முழுச்சு பாத்திட்டு தினமும் நமஸ்காரம் பண்ண அந்த ரும ஆச்சாரமா வெச்சு எனக்கு தேவையான உணவை எப்படி செஞ்சு கொடுத்-திண்டு என்ன எப்படி பார்த்திட்டா..ல் தெரியுமா? பகவானே.. யாருக்கும் எதுவும் ஆக கூடாது.

ஆமா.. ரகுட்ட பணம் இன்னும் கொஞ்சம் சேத்தி கொடுக்கலாமல்ல”

“இல்லமா.. கையில சுத்தமா காசு இல்ல காலையில கடன் கேட்ட யாரும் இல்லேனுட்டா அதான் நேத்து ராத்திரி ஹவுஸ்ஓனர்ட்ட கொடுத்த வீட்டு வாடகை இன்னும் ரெண்டு நாள்ல தரேனுட்டு வாங்கி வந்து கொடுத்தேன் நாளைக்கே வேற எதாவது ஏற்பாடு பண்ணி அவன் அக்கௌன்ட்ல கூட பொட்டுரலாம்” என்று கூறிவிட்டு

“ஜானு டிபன் முடுச்சுட்டு ரெடியாகு கோயிலுக்கு போயிட்டு வருவோம்” என்று கூறிவிட்டு இருவரும் வீட்டிற்குள் சென்றனர்.

2.20க்கு ஜங்சனைவிட்டு வெளியே வந்த ரகுவிடம் சையது

“ஏன் லேட்”

“சேலத்துல ரைட் டைம் தான். வரவரதான் லேட், இரண்டு பேரும் இப்ப எப்படி இருக்காங்க டாக்டர் என்ன சொன்னாங்க”

“தெரியல இப்பதிக்கு எதுவும் சொல்ல முடியாதுங்கறாங்க. ஜூலி வேற மாசமா இருக்கறதுதான் பயமா இருக்கு இரண்டு உசுரு”

“எப்படி? என்ன ஆச்ச?”

“கிரிஷ்டோபர் அவன் வீட்ல இருந்த ஜூலிய நைட் பத்து மணிக்கு அவ வீட்டுக்கு கூட்டிட்டு போயிருக்கான். அப்ப சிக்னல்ல பிரேக் அடிச்சிருக்கான் பின்னாடி வந்த கார் இடிச்சு தூக்கி வீசிருச்சாம். பக்கதில இருந்தவங்க ஆம்பலென்சுக்கு போன் பண்ணி ஹஸ்பிடலுக்கு அனுப்பியிருகாங்க, கிரிஷ்டோபரின் போன்ல இருந்த என் நம்பர பாத்து ஹாஸ்பிடல்ல இருந்து எனக்கு போன் பண்ணினாங்க நான் உடனே போயி பார்த்தேன்.. டாக்டர் அப்ப எதுவும் சொல்ல முடியாதுனாங்க. நீயும் நைட்தான் கிளம்புன.! உடனே உனக்கு ஏன் போன் பண்ணனும்னு யோசிட்டு அங்கயே இருந்தேன். தீடீர்னு விடியகாலம் டாக்டர் வந்து ஜூலிக்கு ஆபரேசன் பண்ணனும் பிளடு தேவைனாங்க அதான் உனக்கு உடனே போன் அடுச்சேன்”னு சொல்லிட்டே வண்டிய ஒட்ட

“மச்சி பசிக்குது டீ சாப்பிடலாமா”னு சையது கேட்டான்

“ம் சாப்பிடலாம்டா ஒரு பேக்கரிகிட்ட நிறுத்து••• ஆமா நீ சாப்பிடயா இல்லையா?”

“இல்ல டா நைட்ல இருந்தே ஒண்ணும் சாப்பிடல மனசே செரியில.. கையுல காசும் இல்ல••• இருந்த காச

எல்லாம் ஸ்கேன், டெஸ்ட், மாத்திரைக்குனு கொடுத்துட்-டேன்"

"டேய் என்னடா மொதல்லயே சொல்ல மாட்ட அப்ப பேக்கரி வேண்டாம் ஹோட்டலுக்கு விடு"

"இல்லடா சாப்பாடெல்லாம் சாபிட்டா லேட்டாயிரும் ஆஸ்பிடல்ல அங்க கிரிஷ்டோபர் அப்பா,அம்மா, ஜூலி ஹஸ்பன்ட்னு யாருக்கும் ஒண்ணும் தெரிய மாட்டேங்குது அழுதுகிட்டே இருக்காங்க" னு சொல்லிட்டே ஒரு பேக்கரி-யின் அருகில் வண்டியை நிறுத்தி விட்டு உள்ளே சென்று டீ மாஸ்டரிடம் ஒன் பை டு னு டீ சொல்லிட்டு ஒரு தேங்கா பண்ணை எடுத்து அவசரமாக சாப்பிட்டான் சையது.

மனகவலையோடு இருவரும் டீ சாப்பிடும் போது ரகுவின் போனில் கிரிஷ்டோரின் அப்பா அழைத்து

"ரகு எங்கப்பா இருக்க ஊருக்கு வந்துட்டையா? சையது உன் கூடத்தான் இருக்கானா? அவன் போன் ஏன் சுட்ச் ஆப்ங்குது" என்று கேட்க

"நான் சென்னை வந்துட்டேங்க அன்கிள் ஆஸ்பிடலுக்கு தான் ரெண்டு பேரும் வந்திட்டிருக்கோம் சையது என்கூட-தான் இருக்கான் மொபல் சார்ஜ் இல்லம சூட்ச் ஆப் ஆகி-யிருச்சாம்"

"சரிபா சீக்கரம் வாங்க டாக்டர் வந்து ஏதேதோ சொல்-றாங்க பயமா இருக்குபா சீக்கிரம் வாங்க நான் வெக்கி-றேனு" தொடர்பை துண்டித்தார்.

டீயை அவசர அவசரமாக குடித்து விட்டு இருவரும் ஆஸ்பிட்டலுக்கு சென்றனர். அங்கே சையதை பார்த்த கிரிஷ்டோபரின் அப்பா

"சையது ஸ்கேன் ரிப்போர்ட் ரெடியாம் அத வாங்கிட்டு வரச் சொன்னாங்க ஜூலிக்கு தீடீர்னு பிக்ஸ் வந்துருச்சாம் மருந்து கேட்டாங்க உடனே வாங்கி கொடுத்திருக்கோம் ஆபரேசன் உடனே பண்ணனுமா..பா பிளட்டு கேட்டங்க என்னனு பாருப்பா"

“சரிங்க அன்கிள் தா உடனே நான் ஸ்கேன் ரிப்போட் வாங்க கிளம்பறேன் தோ ரகு பிளட் கூடுப்பான் ஆபரே-சனுக்கு ரெடி பண்ண சொல்லுங்க” என்று சொல்லி விட்டு ரகு விடம்

“நீ பிளட் கொடுத்துட்ட இங்க இருந்து பாதுகாக்கோ நான் போயி ஸ்கேன் வாங்கிட்டு வரேனு” சொல்லிட்டு சையது சென்றான்.

ஐ.சி.யு வின் ஒரு மூலையில் இருந்த கிரிஷ்டோபரின் அம்மா ரகுவை பார்த்ததும் “கண்ணு” என்று அழுது கொண்டே ரகுவிடம் வர அது வரை கண்ணில் வெண்பட-டலம் வரை தத்தளித்த கண்ணீர் ரகுவின் கண்ணில் அரு-வியாய் கொட்டியது. ஜூலியின் கணவருக்கும் ஆறுதல் சொல்ல... ஐ.ஸி.யு.வில் இருந்து வெளியே வந்த நர்ஸ்

“சத்தம்போடதீங்க பிளீஸ்... பிளட் கொடுக்க ஆள் வந்-தாச்சா” என கேட்க

“நான்தாங்க டோனர் நான் ரெடி”னு ரகு சொல்ல

“வெயிட் பண்ணுங்க கூப்பிடறோம்”னு சொல்லிவிட்டு சென்றார் நர்ஸ். மீண்டும் சோகத்தில் விம்பி கண்ணீர் வடிய தலை குனிந்து அமர்ந்து அழுது கொண்டிருந்த ரகு-வின் முகத்தை உயர்த்தி கண்ணீரை துடைத்தார் சையதின் அம்மா. அவரை கண்ட ரகு,கிரிஷ்டோபரின் குடும்பம் என எல்லோரின் கண்களும் துயரத்தில் கலங்கின. சிறுது நேர ஆறுதல் வார்த்தைகளால் அமைதியான பின் ரகுவிடம்

“சையது எங்கப்பா”னு அம்மா கேட்க

“ஸ்கேன் ரிப்போர்ட் வாங்க போயிருக்கான்மா” சிறிது நேரம் அமர்ந்து விட்டு எழுந்த சையதின் அம்மா

“ரகு நான் கிளம்பரேன்பா நான் போயி நைட்டுக்கு எல்-லாத்துக்கும் டிபன் ரெடி பண்ணி கூடுத்திடுறேன்”. என்று சொல்ல ரகுவும் எழுந்து நிற்க

“இந்த பா இத சையது வந்த கூடுத்திடு”னுட்டு சில ஐநூறு ருபா நோட்டுகள் கொண்ட ஒரு நோட்டு கட்டை பர்சில் இருந்து எடுத்து கொடுத்தாள். அப்போது அந்த பர்-

சில் இருந்து ஏதோ ஒரு சீட்டு கிழே விழ அதை குணிந்து எடுத்த ரகு அதை சையதின் அம்மாவிடம் கொடுக்கும் போது பார்த்தான் அது வங்கியில் நகை அடமானம் வைக்-கும் ரசீது. அதைஅவன் கையிலிருந்து வாங்கி கொண்டு

“நீ பிளடு கொடுத்துட்டுயாபா..?!

“இல்லைங்கமா”

“சரி பா பிளட கொடுத்துட்டு

நைட் படுக்க சையதோட வீட்டுக்கே வந்திரு ரூமு-கெல்லாம் போகதே உனக்கு மெத்தையில ரூம் ரெடிபன்னி-றேன்” என்று சொல்லி விட்டு கிரிஷ்டோரின் குடுபத்திடமும் சொல்லி விட்டு சென்றாள் சையதின் அம்மா.

நர்ஸ் ஒருவர் வந்து ரகுவை அழைக்க உள்ளே சென்ற ரகு பிளட் கொடுத்து விட்டு ஜூஸ் குடிக்கும் போது அங்-கிருந்த நர்ஸ் ஸார் உங்க நண்பர் “பிழைச்சுகிட்டார்”னு சொல்ல... ஆனந்தத்தின் உச்சத்தால் ரகு குடித்த ஜூஸ் தொண்டுக்குள் இறங்காமல் அடைக்க, கண்ணில் நீர்வடிய.. சையதும் உள்ளே வந்து மகிழ்வை சொல்ல வார்த்தைகள் இல்லாமல் ஆர தழுவி நெகிழ்ந்து வெளியே வந்தனர்.

“ஜூலி ஹஸ்பென்ட் யாரு? டாக்டர் கூப்பிடுறார்”னு நர்ஸ் ஒருவர் கூப்பிட டாக்டரின் அறைக்குள் ரகு,சையது ஜூலியின் கணவர் என மூவரும் சென்றனர்.

“இதுல... ஜூலி ஹஸ்பென்ட்!”

“நான்...ங்க மேம் இவங்க ரெண்டு பேரும் கிரிஷ்டோ-ரின் காலேஜ் மென்ட் அண்ட் பேமலி க்ளோஷ் பிரண்ட் ஜூலிக்கும் பிரதர் மாதரிதான் சொல்லுங்க டாக்டர்”

“ஓ.கே நான் சொல்றத நிதானமா கேளுங்க பதறா-திங்க... ஜூலிக்கு ஆபரேசன் பண்ணறதுல சில சிக்கல் இருக்கு அப்படியே ஆபரேசன் பண்ணினாலும் எப்படி..னு சொல்ல முடியாது. ஏன்னா அவங்களுக்கு இது ஏழாவது மாசம், பிக்ஸ் வந்திருக்கு, அடிவயத்துலயே வேற அடி அதனால பிளட் லேசா லீக் ஆயிகிட்டே இருக்குது, பி.பி.யும் லோ ஆயிட்டே இருக்கு, வயத்துக்குள்ள பேபியும்

அசைவில்ல ஆனா ஹாட்பீர்ட் இருக்கு சோ.. ஆபரேசன் பண்ணினாலும் எதுவும் சொல்ல முடியாது. ஏன்னா ஆபரே-சன் செய்யும்போதோ அல்லது அதற்கு பின்னோ பிக்ஸ் வந்தாலும சொல்றதுகில்ல அதனால... கேரண்டியா எதும் சொல்ல முடியாது. சோ... யோசிங்க இதுக்கும் மேல ஆபரேசன் பண்ணிக்கலாம்னு சொன்னீங்கன்னா அதுக்கு நிறைய செலவாகும்''னு டாக்டர் சொல்ல

"எவ்..வளவு செலவாகும்''னு சையது கேட்க,

"எப்ப..டியும் பை(f)வ் டு சிக்ஸ் லேக்ஸ் ஆகும்.எப்படியும் ஆபரேசன் செலவே டூ லேக்ஸ் ஆகும் அதுக்கப்பறம் பேபி எப்படியும் நாற்பது நாளாவது இன்க் பேட்டரில் இருக்-கனும் இதில்லாம மருந்து மாத்திரை டிரிப்புஸ்னு இருக்கு... இதெல்லாம் ஒருவிதமான நம்பிக்கை அவ்வளவுதான். எல்-லாம் நல்லதே நடக்கும்னு யோசிச்சு சொல்லுங்க... ஆபரே-சன் தியேட்டர் டாக்டர்னு ரெடி பண்ணனும். இல்ல.. பேபிய காப்பாத்தமா.. ஜூலய மட்டும் காப்பாத்திடலானலும் ஆபரேசன் செலவு இருக்கு. கிரிஷ்டோருக்கும் செலவு நிறைய செலவு இருக்கு. நீங்க இங்க செலவு செய்ற அளவுக்கு இன்சூரன்ஸ் கிளைம் ஆகுமானு தெளிவா சொல்லமுடியாது. அதனால.. மனச தேத்திக்குங்க இப்படியே விட்டுடிங்கண்ணா நாளை காலைக்குள்ள எதுவும் சொல்ல முடியாது நீங்க வீட்டுக்கே எடுத்துட்டு போறதுனாலும் சரி''னு டாக்டர் சொல்ல "ஐயோ ஜூலினு'' அவள் கணவர் வாய்விட்டு அழுதார்.

"பிளீஸ் அழாதீங்க மனச தேத்திங்குங்க வேறவழியில்ல நமக்கு டைமும் இல்ல.. நீங்க வெளிய போயி உங்க குடும்பத்தோட பேசி யோசிச்சு கொஞ்சம் சீக்கிரமா சொல்-லுங்க''னு டாக்டர் சொல்ல மூவரும் எழுந்து வெளியேர

"மிஸ்டர் ரகு நீங்க டொனெட் பண்ணின பிளட் பக்கத்து கேபின்ல இருக்கு அத வாங்கிட்டு கிழ அண்டர்கிரவுன்டுல லேப் இருக்கு அங்க போயி உங்க பெயரையும் ஜூலி பெயரையும் சொல்லி வெயிட்டிங்கல வைக்க சொல்லுங்க

ஆபரேசன் பண்ணினா மீண்டும் வாங்கிக்கலாம் இல்லைனா அத வேற யாருக்காவது கொடுத்துடலாம்னு ஒரு சைன் போட்டுட்டு கொடுத்துட்டு வந்திருங்க''னு டாக்டர்.

வெளியே வந்த மூவரும் குடும்பத்தாரிடடம் பேசிக்கொண்டிருக்கையில் பக்கத்து கேபினில் இருந்த நர்ஸ் ஒருவர்

''மிஸ்டர் ரகு... கொஞ்சம் வாங்க''னு கூப்பிட்டு

''ஸார் இந்தங்க''னு ஒரு பேக்கிஜை கொடுத்து

''இத நீங்களே கொண்டு போயி கிழ ஒரு லேப் இருக்கும் அங்க இத ஷேவ் பண்ணி வைக்க சொல்லி கொடுத்திட்டு ஒரு சைன் போட்டுடிங்க''னு கொடுக்க அதை வாங்கி பார்க்கையில் ஒரு பகுதியின் ஓரத்தில் பிளட் வெளியே தெரிய தன் ரத்ததை தானே ஒரு கவரில் பார்த்து கொண்டே வெளியேற

''ஏன்னபா'' னு சையது கேட்டான்.

''இத கிழ குடுக்கனுமாம், நீ அவங்ககிட்ட பேசிட்டிரு நான் இத கொடுத்துட்டு வரேன்'' னு சொல்லிட்டு அண்டர் கிரவுன்டுக்கு போயி அங்கிருந்த லேப் அட்டன்டர்கிட்ட அந்த பேக்கேஜை நீட்ட அவர்

''ஒன் மினிட் சார்''னு

சொல்லிவிட்டு லெட்ஜர் புக்கில் ஏதோ எழுத கொண்டிருந்தார். அப்போது அங்கிருந்த டி.வி.யில் பிரேக்கிங் நியூஷ்னு ஏதோ ஒரு மாநிலத்தில் மதகலவரத்தால் மூவர் பலினு தொடர்ந்து போட்டு கொண்டே அந்த நிகழ்வு நடந்த இடத்தில் படிந்த ரத்த கறையை காட்ட, ரகுவின் மனதில் கிரிஷ்டோபர் விபத்து நடந்த இடத்தில் பார்த்தத ரத்தம், கிரிஷ்டோபரின் மீதிருந்த ரத்தம், ஜூலியிடம் வலிந்த ரத்தம், தான் கொடுத்த அந்த பேக்கேஜில் பார்த்த ரத்தம், டிவியில் பார்த்த ரத்தம்னு மாரி.. மாரி... மண்டைக்குள் சூழல சற்று தள்ளாடி அங்கிருந்த இருக்கையில் அமர்ந்தான்.

#மதம் போற்றபட்டு.. விளம்பரமாகலாம்
மனிதம் மனதில் போற்றபடுகிறது.

10. குருதி - ஜெயமோகன்

சேத்துக்காட்டார் என்று சொன்னபோது ஊரில் எவருக்கும் யாரென்றே தெரியவில்லை. 'சேக்கூரானா? மாடு தரகு பாப்பாரே?' என்று கலப்பையும் கையுமாகச் சென்றவர் கேட்டார்

சுடலை 'இல்லீங்க..இவரு கொஞ்சம் வயசானவரு....' என்றார்

'வயசுண்ணா?'

'ஒரு எம்பது எம்பத்தஞ்சு இருக்கும்'

'இந்தூரா?'

'ஆமாங்க..'

'அப்டி யாரு நம்மூரிலே?' மேலும் கீழும் பார்த்துவிட்டு 'நமக்கு அவரு என்னவேணும்?' என்றார்

சுடலை அரைக்கணம் தயங்கிவிட்டு 'நான் அவருகூட செயிலிலே இருந்தேன்' என்றார்

கலப்பைக்காரரர் முகம் மாறியது. 'நமக்கென்னாங்க தெரியும்...நானே குத்தகைக்கு எடுத்து ஓட்டிட்டிருக்கேன்...வரட்டுங்களா?' என்றார். சுடலை மேலே பேசுவதற்கு முன் அவர் சென்றுவிட்டார்

சுடலைக்கு ஆச்சரியமாக இருந்தது. எப்படி அந்த மண்ணில் அத்தனை வருடம் வாழ்ந்த ஒருவரை ஊரே மறந்திருக்க முடியும்? வேற்றூர்க்காரரர் ஒன்றும் இல்லை. அதே ஊரில் பிறந்து வளர்ந்து விவசாயம் பார்த்துப் பிள்ளைகளை வளர்த்து ஆளாக்கிய சம்சாரி. ஒருவேளை செத்துப்போய்விட்டாரோ. செத்தாலும் எப்படி தடமில்லாமல் ஆக முடியும்?

சேத்துக்காட்டார் என்றால் ஜெயிலில் எல்லாருக்கும் ஒருபயம்தான். இரட்டைக்கொலை. இரண்டுதலைகளையும் இரு கைகளிலாக எடுத்துக்கொண்டு எட்டு மைல் நடந்துசென்று போலீஸ் ஸ்டேஷனில் சரண் அடைந்தார். தூக்கு கிடைத்தது. பிறகு விதவிதமான மறுபரிசீலனைகள் கருணைமனுக்கள். குற்றம் நடக்கும்போது சேத்துக்காட்டாருக்கு வயது

அறுபத்திரண்டு. அதுதான் அவருக்குக் கைகொடுத்தது. இரட்டை ஆயுள்தண்டனையாக முடிந்தது.

சுடலை கைதாகி உள்ளே போனபோது சேத்துக்காட்டார் ஏற்கனவே பதிமூன்று ஆண்டுகளை சிறையில் கழித்துவிட்-டார். நரைத்த தலைமுடி. புருவம்கூட நரைத்திருந்தது. ஓங்-குதாங்கான உருவம். மண்ணில் வேரோடிய கருவேலமரம் மாதிரி உடம்பு. அதிகம் பேசமாட்டார்.

ஜெயிலில் மரியாதையே ஒருவர் செய்த குற்றத்தை வைத்துதான். ஆனால் அதற்கும் மேலாகவே சேத்துக்காட்-டாருக்கு ஒரு இடம் இருந்தது. அது ஏன் என்பது அவர் ஜெயிலுக்குச் சென்ற எட்டாம்நாள் தெரிந்தது. சில்லறைத்-திருட்டும் அடிதடியுமாக ஜெயிலுக்கு வந்த சங்கரப்பாண்-டியை பார்த்தாலே பெரிய கரைச்சல்காரன் என்று தெரிந்தது. சுடலை சாப்பாட்டை வாங்கிக்கொண்டு சென்று அமர்ந்ததும் அவன் அருகே வந்தான். 'மாமா, தட்ட இந்தப்பக்கமா நீட்-டுறது•••. மருமான் பசியால துடிக்கிறேன்ல?' என்றான்

'இம்புட்டுதானேய்யா இருக்கு?' என்றார் சுடலை. முதல்-நாள் தட்டில் களியாக வேகவைத்து உருட்டிய சோற்றை அவர்கள் போட்டபோது உண்மையிலேயே அவருக்குத் துணுக்கென்றது. இவ்வளவு சோற்றையும் தின்று எப்படி வாழ்வது? ஊரில் அவர் படிப்படியாக சோறு போட்டுக்-கொள்ளமாட்டார், கூம்பாரமாக சோற்றைக் குவித்து நுனி-யில் குழி எடுத்து அதில் குழம்பை ஊற்றிப் பிசைந்து சாப்-பிட்டால்தான் நிறைவாக இருக்கும்.

'குடுங்க மாமா..பெரியபேச்சு பேசறீங்க' என்று சங்கரப்-பாண்டி தட்டைப் பிடிக்க சுடலை சற்று கோபமாக 'விடுடா டேய்' என்றார்.

'என்ன மரியாத கொறையுது?' என்று முறைத்தவன் எதிர்பாராத கணத்தில் தரையிலிருந்து மண்ணை அள்ளி சோற்றிலே போட்டுவிட்டான். சுடலை கொதித்து எழப்போய் மறுகணமே அடக்கிக் கொண்டார். இவன் சிறைப்பறவை. நான் ஒரு எதிர்பாராத பிரச்சினையால் இங்கே வந்தவன். எனக்குப் பிள்ளைகள் இருக்கிறார்கள். எனக்கு நிலமிருக்கி-

றது. ஆனால் கைகால்கள் நடுங்கின

'டேய் என்னடா மொறைக்கிறே?' என்றான் சங்கரப்-பாண்டி

சுடலை பார்வையைத் திருப்பிக்கொண்டார். கண்களில் கண்ணீர் துளிர்த்தது.

அப்போது சேத்துக்காட்டார் எழுந்து வந்தார். 'டேய் உன் சோத்த அவனுக்குக் குடுத்திட்டு அந்த சோத்த நீ எடுத்-துக்க' என்றார். நிதானமான கனத்த குரல்

சங்கரப்பாண்டி '' என்ன பெரிசு•••கொரலு ஓங்குது? போ போ •••போய் அந்தால ஒதுங்கு' என்றான்

சேத்துக்காட்டார் மேலும் நிதானமான குரலில் 'குடுத்தா நீ நாளைக்கும் உசிரோட இருப்பே••••.எனக்கு ரெட்டக்கொ-லைக்கு ரெட்ட ஆயுள்••• இன்னொரு கொலையச் செஞ்-சாக்க எனக்கு புதிசா தண்டன இல்ல பாத்துக்க' என்றார்.

அவர் கண்களைப்பார்த்த சங்கரப்பாண்டி திகைத்துவிட்-டான். கை இயல்பாக நீண்டு அவன் தட்டை சுடலையை நோக்கி நீட்டியது.

அதன்பின் பெரியவருக்கு சுடலைதான் மிக நெருக்க-மானவராக இருந்தார். ஜெயிலில் இருந்த இரண்டுவருட-மும் அனேகமாக தினமும் கூடவே இருந்தார். பெரியவர் பொதுவாகப் பேசுவதேயில்லை. பகல் முழுக்க மூர்க்கமாக மண்ணில் வேலைசெய்வார். ஜெயிலுக்குள் ஆயிரம் ஏக்கரில் விவசாயம் நடந்தது, அதில் பாதி மரங்கள் பெரியவர் நட்டு வளர்த்தவை என்றார்கள். இரவில் கம்பிக்கு அருகில் வெளிச்சமுள்ள இடத்தில் இருந்துகொண்டு கொண்டு வந்-திருந்த மரக்கட்டைகளைச் செதுக்கிக் கொண்டிருப்பார். செதுக்கி பாலீஷ் போட்டு முடிக்கையில் யானைத்தலையோ கழுகுமுகமோ கொண்ட கைத்தடிகளாக அவை உருவா-கிவரும். பெரும்பாலும் வார்டர்களுக்கே கொடுத்துவிடுவார். செதுக்கும்போது மொத்த முகமும் கூர்ந்து கவனமாக இருக்-கும். வாயை மட்டும் மெல்வதுபோல அசைப்பார்

ஒன்றரை வருடம் கழித்துதான் அவர் ஏன் ஜெயிலுக்கு வந்தார் என்பது சுடலைக்குத் தெரிந்தது. இரண்டு வருடங்-களில் ஒரேஒருமுறைதான் அவரது வீட்டார் அவரை மனு-போட்டு பார்க்க வந்திருந்தார்கள். அவரது பேத்தி வயதுக்கு வந்திருந்தாள். பட்டுப்பாவாடை கட்டி நகைபோட்ட கரிய குண்டுச்சிறுமியுடன் அவள் அப்பா ஜெயிலுக்கு வந்தி-ருந்தான். பார்க்க சேத்துக்காட்டார் மாதிரியேதான் இருந்-தான். ஆனால் அந்த உறுதியும் உள்ளிறுக்கமும் இல்லாத சாதாரண மனிதனாகவும் தெரிந்தான்.

சேத்துக்காட்டார் தயக்கமாகத்தான் போனார். கம்பிக்கு அப்பால் நின்ற சிறுமியைக் கண்டதும் நடை தளர்ந்தது. மெதுவாக அருகில் சென்று நின்று அவள் தலையில் கைவைத்து வருடினார்.பின்னர் மெல்லியகுரலில் 'எதுக்கு இங்கல்லாம் கூட்டிட்டுவாறே? சொல்லியிருக்கேன்ல?' என்-றார்

'இவதான் கேட்டா....பின்ன, என்னதான் இருந்தாலும் உங்க ஆசீர்வார்தமில்லாம...'

'அது இருக்கே...எங்க இருந்தாலும் இருக்கே..'

'இருந்தாலும்...'

'டேய் நான் செத்தாச்சுன்னு நினைச்சுக்கடா...போடா...' அவரது உரத்த குரல் கேட்டு எல்லாரும் பேச்சை நிறுத்-திவிட்டுத் திரும்பினார்கள். சேத்துக்காட்டார் சட்டென்று பேத்தி தலயில் மீண்டும் கைவைத்து 'நல்லா இரும்மா...மவராசியா பெத்து நெறைஞ்சு இரும்மா' என்று சொல்லிவிட்டுத் திரும்பிவிட்டார்

அன்றிரவு அவர் குச்சி செதுக்கவில்லை. சுவரையே பார்த்துக்கொண்டு பேசாமலிருந்தார். பின்னர் 'டேய் உனக்கு எவ்வளவு நெலமிருக்கு?' என்றார்

'அதுகெடக்கு நாலஞ்சு ஏக்கர். வெறும் முள்ளு...ஆடு-கடிக்க பச்சை இல்லை' என்றார் சுடலை

'பொட்டக்காடா இருந்தாலும் அதுதாண்டா உனக்கு அடையாளம். நீ செத்தா விளப்போற எடம்டா அது. நாளைக்கு உம்பிள்ளையும் அங்கதான் அடங்குவான்...டேய்

மண்ணில்லாதவன் மனுசனில்ல. மிருகம்...தெரிஞ்சுக்க'

பிறகு அவரே அவரது கதையைச் சொன்னார். அவருக்கு எட்டேக்கர் நிலமிருந்தது. பொட்டல்தான். ஆனால் இருபதுவருடம் இரவுபகலாக அதில் கல்லும் சரளும் பொறுக்கிப் போட்டு வயலாக்கினார். கிணறு வெட்டினார். மிளகாயும் சோளமும் தக்காளியும் போட்டார். நிலத்தில் பசுமை விரிந்தபோது ஊர்ப்பெரியமனிதர்களுக்கு எரிந்தது. 'லே என்னலே சேத்துக்காட்டான்...சமுசாரி ஆயிட்டே போல... ' என்பார்கள். 'ஏதோ இருக்கேன் ஐயா' என்பார் பணிவாக. 'அப்டியே வெள்ளைய சுத்திக்கிட்டு வண்டிகட்டிக்கிட்டு வந்து பஞ்சாயத்திலே ஒக்காரவேண்டியதுதானேடா?' 'என்னய்யா நீங்க? ...நான் ஏதோ கைப்பிடி மண்ணக் கிண்டிக்கிட்டிருக்கேன்...'

கொஞ்சம் கொஞ்சமாகப் பிரச்சினைகள் ஆரம்பித்தன. நிலத்தை விலைக்குக் கேட்டார்கள். விலையைக் கூட்டிப்பார்த்தார்கள். நான்குசாதிசனத்தை வைத்துப் பேசிப்பார்த்தார்கள். 'இந்தாபாரு சேத்துக்காட்டான், நமக்கு இதெல்லாம் ஆகாது. சமுசாரித்தனம் செய்றவன் அதைச்செய்யணும். அப்பதான் அதுக்கு அழகு....ஏக்கருக்கு எட்டாயிரம் சொல்றாரு நாயக்கரு...இண்ணைக்கு இந்தூர்ல ஆயிரத்துக்கு மேலே போற நெலம் எங்க இருக்கு சொல்லு... பேசாம வாங்கிட்டு போ...'

'இல்லீங்கய்யா... இது நான் ரத்தம் சிந்தி செதுக்கி எடுத்த மண்ணு...இந்த மண்ணுதானுங்களே நமக்கு ஒரு ஆதாரம்...இத விட்டுப்போட்டுட்டு எப்டிங்கய்யா?' ஆனால் வற்புறுத்தல்கள் ஏறிக்கொண்டே போயின. 'அவங்கள எதுத்து நீ இந்த நெலத்த வச்சுகிட முடியும்னு நினைக்கிறியா? விட்டிருவானுங்களா? இப்ப வித்தா பணமாச்சும் மிஞ்சும். சண்டையபோட்டுப் பறிச்சுக்கிட்டானுங்கன்னா அதுவுமில்ல பாத்துக்க'

அதன்பின் கேடிகள் வந்து மிரட்டினார்கள். ஒரே ராத்திரியில் ஒட்டுமொத்த சோளத்தையும் பறித்துக்கொண்டு சென்றார்கள். மிளகாய்ப் பாத்திகளில் மாடுகளை விட்டு அழித்-

தார்கள். இரவும்பகலும் தோட்டத்திலேயே கிடந்தார். இடுப்-
பில் அரிவாளுடன்தான் தூங்கினார். தங்கத்தைப் பொத்திப்-
பாதுகாப்பதுபோலப் பயிரைப்பாதுகாத்தார்.

ஒருநாள் ராத்திரி மூத்தவனைத் தக்காளித்தோட்டத்தில்
காவலுக்கு உடகாரச்செய்துவிட்டு வீட்டுக்குப்போனார்.
திரும்பிவந்தபோது காவல்மாடத்தில் கழுத்துவெட்டுப்பட்டுக்
கிடந்தான். அரையடி தள்ளிக்கிடந்தது தலை. தலையில்
கையை வைத்துக்கொண்டு அங்கேயே அமர்ந்துகொண்டார்.
நாலைந்துநாளுக்கு பேச்சே நின்றுவிட்டது.

வழக்கம்போல போலீஸ் வந்து மகசர் எழுதினார்கள்.
அவர்தான் குற்றவாளி என்பதுபோல அங்குமிங்கும் நடத்தி-
னார்கள். ஒருமாசத்தில் கேஸ் ஓய்ந்துவிட்டது. குற்றவாளி-
கள் யாரென்று தெரியவில்லை என்றார்கள்.

அவருக்குத்தெரிந்திருந்தது. ஆனால் அவர் ஒன்றும்
சொல்லவில்லை. ஒன்றும் செய்யவுமில்லை. சிதைந்து
அழிந்த தக்காளிச்செடிகளை ஒவ்வொன்றாக எழுப்பி நிறுத்-
திக் குச்சி வைத்துக் கட்டித் தண்ணீர் ஊற்றி மீண்டும்
உயிர்ப்பித்தார். அந்த வருடம் அவருக்குத்தான் தக்காளியில்
அதிக மகசூல். அவருக்குத்தெரியும் என அவர்களுக்கும்
தெரியும். அவர்கள் எச்சரிக்கையாக இருந்தார்கள். கவனித்-
துக்கொண்டே இருந்தார்கள். அவர் விவசாயத்தில் மட்டும்
மூழ்கி இருந்தார். சிரிப்பு மறைந்துவிட்டது. பேச்சு முழுக்க
உள்ளுக்குள் புகுந்துவிட்டது.

அதன் பின் அவர்கள் வம்புக்கு வரவில்லை. எட்டு வரு-
டம் அவர் எதையுமே வெளியே காட்டிக்கொள்ளவில்லை.
எஞ்சிய இருபையன்களும் வளர்ந்து பெரியாளானார்கள்.
மூத்தவனுக்கு உள்ளூர் சொசைட்டியில் வேலை கிடைத்தது.
இளையவளுக்குத் திருமணம் செய்து வைத்தார். சின்னவன்
போலீசில் சேர்ந்தான். அவனுக்கு வேலைகிடைத்த மறுநாள்
அவர் நாலடி நீளமான அரிவாளுடன் மேலகரம் நாயக்கர்
வீட்டுக்குச் சென்றார்.

காலைநேரம் .வீட்டுமுன்னால் நாயக்கர் நாற்காலியில்
அமர்ந்திருந்தார். அருகே பெரிய கோளாம்பி. வெற்றிலைத்-

தட்டம் ஸ்டூல்மேல் இருந்தது. பக்கத்தில் அவரது தம்பி சிக்கையா நின்றிருந்தான். பருத்திவாங்கவந்தவர்கள், சாணிஎருவை அள்ளி மாட்டுவண்டியில் ஏற்றிக்கொண்டிருந்தவர்கள் என பத்துப்பதினைந்துபேர் இருந்தார்கள். 'என்னடா சேத்துக்காட்டான்? என்ன விசயம்?' என்றார் நாயக்கர்

'எட்டுவருசமா என் பிள்ளைய மேல வரட்டும்னு காத்திருந்தேன்' என்றார் சேத்துக்காட்டார். நாயக்கர் புரிந்துகொள்வதற்கு முன் சட்டென்று படியேறி அவரை ஒரே வெட்டில் வெட்டி வீழ்த்தினார். சிக்கையா முற்றத்தில் பாய்ந்து ஓடினான். அவனை இரண்டே எட்டில் பிடித்தார்'

'கொல்லாதே...கொல்லாதே' என்று சிக்கையா கதறினான்.

'பெத்தவனுக்க அக்கினியிலே இது' என்றபடி ஒரே வெட்டில் அவனைத் துண்டித்தார். இரு தலைகளுடன் , அக்குளில் அரிவாளுடன் பொதுச்சாலை வழியாக நடந்து சென்றார்.

'ஒரு பிடி மண்ண வச்சுக்கிட எனக்கு உரிமை உண்டான்னு நாடு அறியட்டும்லே' என்றார் சேத்துக்காட்டார். சுடலை அவரையே பார்த்துக்கொண்டிருந்தார்.

'இப்ப வருத்தப்படுறிகளா?' என்றார் சுடலை ஒருமுறை

'எதுக்கு?'

'இனி வெளிக்காத்து கிட்டாதுல்ல?'

'வேண்டாம்ல...ஆனால் இனி ஒரு ஏழையோட நெலத்தைத் தொடுறப்ப யோசிப்பானுகள்ல? நம்மாளுக நாலுபேரு துணிஞ்சு வெட்டாம இதுக்கு ஒரு தீர்ப்பு கெடையாதுலே மக்கா'

மேலும் ஒன்பது வருடம் கழித்து சேத்துக்காட்டானுக்கு மன்னிப்பு கிடைத்தது. சிறையில் இருந்து அவர் வெளியேவந்தபோது சுடலை பார்க்கப்போயிருந்தார். அவரது மகன் சொசைட்டியில் ஆபீசராக இருந்தார். பேத்திக்குத் திருமணமாகிப் பிள்ளையும் ஆகிவிட்டிருந்தது. 'எல்லாம் மாறிப்போச்சுலே சுடலே...ஒத்த ஒரு தெரிஞ்ச ஆளு இல்ல பாத்துக்க...வேற ராச்சியம்போல இருக்கு' என்றார் சேத்துக்-

காட்டார்.

டீக்கடையிலும் பஞ்சாயத்துபோர்டு ஆபீசிலும் சேத்துக்காட்டாரை எவருக்கும் தெரியவில்லை. சொசைட்டிக்காரரை சொல்லிக் கேட்டுப்பார்த்தார். அவரையும் தெரியவில்லை. அவர் சாத்தூர் பக்கம் வேலைசெய்வதாகச் சொன்னார் ஒருவர். அவருக்கே பெரிய பிள்ளைகள் இருக்கும்போல.

பஸ்ஸுக்காகக் காத்துநிற்கையில்தான் அதுவரை உள்ளூரக் கொந்தளித்துக்கொண்டிருந்ததைத் தொண்டையில் ஒரு பதற்றமாக கைவிரல்களின் நடுக்கமாக கால்களில் ஒரு பலமிழப்பாக உணர்ந்தார். ஊரில் பஸ் ஏறும்போது ராமரின் கடைக்குப்பின்புறம் சென்று குடித்ததுதான். ராமர் தின்பதற்கு ஏதும் வைத்திருப்பதில்லை. குடித்துவிட்டு அப்படியே திரும்பிவிடவேண்டியதுதான்.

ஒருரூபாய்க்கு ஊறுகாயாவது வாங்கலாமென நினைத்துக்கொண்டே ரோட்டுக்கு வரவும் பஸ் வந்தது. ஏறிக்கொண்டபின்புதான் போதை மேலேற ஆரம்பித்தது. ஆனால் நாக்கு தடித்து எச்சில் ஊறிக்கொண்டே இருந்தது. சன்னல் வழியாகத் துப்பிக்கொண்டே இருந்தார். பின்னிருக்கை ஆசாமி ஒருவன் 'டேய் அறிவுகெட்ட கூமுட்ட•••ஓடுற பஸ்ஸில துப்புறியே அறிவில்ல?' என்றான். மெல்ல நடுங்கும் தலையுடன் அவனைத் திரும்பிப்பார்த்தார். வாயில் எச்சில்தான் கொழகொழவென்று வந்தபடியே இருந்தது. வெறித்துப்பார்த்தபடி சில கணங்கள் சென்றன. ஏதோ பேச நினைத்தார். ஒரு வார்த்தைகூடத் திரண்டுவரவில்லை. திரும்பிக்கொண்டார். தலை கனத்து துவண்டது.

எட்டுமாதம் முன்னால் இவன் என்னை இப்படிச் சொல்லியிருப்பானா? எட்டுமாதம் முன்னாலிருந்த சுடலை ஆளே வேறு. கையும்காலும் பனந்தடிபோல இருக்கும். குரல் உடுக்குபோல ஒலிக்கும். வேட்டியை இறுக்கிக் கட்டியிருக்கும் பச்சை பெல்ட்டில் எப்போதும் கட்டாரி வைத்திருப்பார். வெள்ளைத்துண்டை எடுத்துத் தோளில் போட்டுக்கொண்டு மீசையை நீவியபடி பஞ்சாயத்தில் அமர்ந்தாரென்றால் எதிர்ப்பேச்சு பேச ஆளிருக்காது

இன்று அவரைப்பார்க்க எப்படி இருக்கும்? வெயிலில் காய்ந்த வாழைத்தண்டு போல உடம்பு. இடுப்பளவு ஓடைத்-தண்ணீரில் நடப்பது போல நடை. எல்லாவற்றையும் விட மரியாதை போயிற்று. கண்டவனிடமெல்லாம் கடன் வாங்கிக் குடித்தாயிற்று. குடிமகன் ராமுகூட 'வே சும்மா போவும்வே அனத்தாம•••அவனவன் சாவுறான்•••குடிக்கதுக்கு சில்ல-றைக்கு வந்திருக்கீரு••••.போவும்வே போயி இடுப்பு துண்ட எடுத்து ரோட்டில விரிச்சிட்டு இரும். சாயங்காலம் அஞ்சோ-பத்தோ தேறும்' என்று முகம்பார்த்து சொன்னபோது டீக்க-டையில் இருந்த அத்தனை பேரும் சும்மா பார்த்துக்கொண்-டிருந்தார்கள். எல்லாக் கண்களிலும் ராமு கண்களிலிருந்த அதே பாவனைதான். புழுவை, மலத்தைப் பார்க்கும் அருவ-ருப்பு. எட்டுமாசம்•••எல்லாமே இடிந்துவிழுந்த எட்டுமாசம்.

கம்பியில் தலையை சாய்த்துக்கொண்டபோது சட்டென்று கண்ணீர் கொட்ட ஆரம்பித்தது. மார்பில் சொட்டும் நீர்த்-துளிகளைத் தன் கண்ணீர் என்று உணர்ந்து துடைத்தார். ஆனாலும் கொட்டிக்கொண்டே இருந்தது. சட்டென்று வேறு எங்கிருந்தோ கேட்பதுபோல தன் கேவல் ஒலியைக் கேட்-டார். பஸ்ஸே திரும்பிப்பார்த்தது. அவர் கண்ணீருடன் அவர்களை ஏறிட்டுப்பார்த்தார். 'என்னய்யா?' என்றார் கண்-டக்டர். இருவர் சிரித்தனர். அவர் அண்ணாந்து நோக்கி விசும்பிக்கொண்டே இருந்தார். வந்திறங்குவது வரை மனசு உருகி கண்ணீராக சொட்டிக்கொண்டிருந்தது.

எங்கே சரக்கு கிடைக்கும் என உணர்வது கண்ணோ காதோ அல்ல. அது ஓர் உள்ளுணர்வு. அது இந்த எட்டு-மாதங்களில் மிகவும் பெருகிவிட்டிருந்தது. சொல்லப்போனால் பிற எல்லா உணர்வுகளும் மழுங்கி அதுமட்டும் வளர்ந்திருந்-தது. பஸ்ஸ்டாப்புக்கு அருகிலேயே விறகுக் கடையில் விற்-றுக்கொண்டிருந்தான். பிளாஸ்டிக் டம்ளரில் அந்தக் கலங்-கலான திரவத்தைக் கண்டதும் உடம்பு உலுக்கிக்கொண்டது. ஆனால் வாய் நிறைய எச்சில் நிறைந்தது. ஒரே மடக்கில் குடித்ததும் இன்னொரு உலுக்கல். உடம்புக்குள் அது எரிந்து இறங்குவதை உணந்தபடி சில கணங்கள் நின்றார்.

வேட்டியைத் தூக்கி அண்டர்வேரில் இருந்து பணம் எடுத்துக்கொடுத்தபோது உள்ளே குந்தி அமர்ந்திருந்த மொட்டைத்தலை ஆசாமி ‘அண்ணாச்சிக்கு எந்தூரு?’ என்று சினேகமாகக் கேட்டார்.

‘வடக்க’ என்றார் சுருக்கமாக

‘இங்கிண யாரப்பாக்க வந்திக?’

சொல்லலாமா என்று சிந்தித்துவிட்டு சொன்னார் ‘சேத்துக்காட்டாருண்ணுட்டு பெரியவரு ஒருத்தரு•••செயிலிலே எல்லாம் இருந்திருக்காரு’

அவன் பெயர் மாரிமுத்து ‘தனலட்சுமி டீச்சரோட தாத்தன் ஒருத்தன் கெடக்காரு.அவரு செயிலுக்குப் போனவரு. போஸ்டுமேன் அவரு லெட்டர எங்கிட்ட குடுத்தான். நான் கொண்டுபோயிக் குடுத்திருக்கேன். செண்டிரல் ஜெயிலு லெட்டர்’ என்றான்.

’ஆளைக்காட்டுலே‘ என்றார் சுடலை.

‘நமக்கு சோலி கெடக்குல்ல? அண்ணாச்சி, இந்தா இப்டியே நேரா மேகாட்டுப் பனம்பொட்டலுக்குப் போங்க•••செவலமேட்டில ஒரு சின்னக் குடிச தெரியும்••••.பெரியவரு அங்கதான் கெடப்பாரு••• ’

‘செரிலே’ என்று சுடலை கிளம்பினார்

‘அண்ணாச்சி துப்புக் கூலி குடுக்கல்ல’ என்றான் அவன் சோழிப்பற்களைக் காட்டி

அவனுக்கு ஒரு இரண்டு ரூபாயைக் கொடுத்தபின் வேட்டியைத் தூக்கிக் கட்டியபடி நடந்தார். ஊருக்குள் இருந்து காலனிக்குள் செல்லும் பாதை. பாதையும் ஊரிலிருந்து வெளியேறும் சாக்கடையும் ஒன்றுதான் . நாலைந்து பன்றிகள் முட்டிக்கொண்டு உறுமின. பிளாஸ்டிக்தாள்களும் மட்கிய துணிகளுமாகக் குப்பை குவிந்துகிடந்தது. காலனியில் இருபது வீடுகள். இருபதும் குட்டிச்சுவர்களுக்குமேல் புல்வேய்ந்த கூரை கொண்டவை. எதற்குமே கதவுகள் இல்லை.சாணி மெழுகிய வாசலை வளைவாகக் குழைத்திருந்தார்கள். குகைவாசல் போல. சாக்குப் படுதாக்கள்தான் கதவு. குடிசைகளில் எவரும் இல்லை. இரண்டு சின்னப்பிள்-

ளைகள் துணியில்லாமல் மண்ணில் விளையாடிக்கொண்-
டிருந்தன. ஒரு கிழம் திண்ணையில் சுருண்டு கிடந்தது.
அருகே கிடந்த நாய் எழுந்து ஆர்வமில்லாமல் மூக்கை நீட்-
டிப்பார்த்தது

காலனிக்கு அப்பால் பொட்டல் ஆரம்பித்தது. முழுக்க
உடைமுட்கள். அவற்றில் காற்று கொண்டு வந்து மாட்டி-
விட்ட பழைய துணிகளும் மழைக்காகிதங்களும் பல வண்-
ணங்களில் படபடத்தன. ஒற்றையடிப்பாதை நீண்டு சென்றது.

மேகாடு எங்கிருக்கிறது என்று தெரியவில்லை. மேடு
என்று சொன்னான். ஆனால் அது ஊருக்கு மிக வெளியே
இருந்தது. அதுவரை நடக்கவேண்டுமா என்று தயக்கமாக
இருந்தது. தள்ளாட்டம் ஆரம்பமாகிவிட்டது. சமமில்லாத
தலைச்சுமை ஒருபக்கமாக இழுப்பது போல உடம்பு அல்லா-
டியது. அதுவரை வெயிலில் நடந்தால் கீழே விழுந்தாலும்
விழவேண்டியிருக்கும். அதன்பிறகு எழ முடியாது.ஆனால்
வெறுவழியில்லை. வந்தாயிற்று.

செம்மண் மேடு. தூரத்தில் தெரிந்ததுபோல செங்குத்தான
மேடு இல்லை. பனைவிடலிகள் செறிந்த சரிவுதான்.
நாலைந்து பனைகளைப் பிடித்துக்கொண்டு ஏறமுடிந்தது.
மேலே ஒரு சாளை தெரிந்தது. பனையோலைகளைக்-
கொண்டு கூரை போடப்பட்டிருந்தது. காவல்மாடம்
அளவுக்கே இருந்தது. காவல்மாடமாகக் கட்டப்பட்டதற்குக்
கொஞ்சம் மண்சுவர் சேர்த்துக்கொண்டு குடிசையாக ஆக்கி-
யிருக்கிறார்கள்.

குடிசை வாசலில் சென்று நின்றார். குடிசைக்குள் மனி-
தர்கள் இருப்பதாகத் தெரியவில்லை. அப்பகுதியிலேயே
மனிதநடமாட்டம் இல்லை என்று தோன்றியது. குடிசைமுற்-
றத்திலேயே முள்மண்டிக்கிடந்தது. திண்ணை இடிந்து மண்-
ணாகக்கிடக்க காற்றில் வந்த சருகுகள் சுவரில் மோதிக்
குவிந்திருந்தன. 'அய்யா' என்றார் சுடலை. அவரது குரல்
அன்னியமாக அவருக்கே கேட்டது.

இரண்டாம் முறை கூப்பிட்டபோது உள்ளிருந்து ஒரு
முனகல் ஒலித்தது. 'அய்யா இருக்கீங்களா?' என்றார்

சுடலை

'ஆரு?' அது சேத்துக்காட்டாரின் குரல்தான்

'நாந்தான் ,சுடலே'

'உள்ள வா...'

மெல்ல திண்ணையில் ஏறினார். வெயிலில் வந்ததனால் கண்கள் இருட்டாக இருந்தன. உள்ளே தரையில் விரிக்-கப்பட்ட பாயில் இரு கால்கள்தான் தெரிந்தன. செருப்பைக் கழற்றிவிட்டு உள்ளே போனார்

'வாலே'

சுடலை மெல்ல அமர்ந்தார். கண்கள் பழகியபோது கீழே கிடந்தவரை நன்றாகப் பார்க்க முடிந்தது. படபடப்பாக வந்-தது.

'என்னல பாக்கிறே? மனுசன் இப்டி காஞ்சபீயா கெடக்-கானேன்னு நெனைக்கிறியா? எல்லாம் மக்கி மண்ணா போற ஒடம்புதானே போவட்டும்' தொண்டையில் குரல்வளை ஏறி இறங்கிய போது சாரைச்செதில் படர்ந்த கரியசருமம் அசைந்தது.

சுடலை அவரது கைகளைத் தொட்டார். குளுகுளுவென அழுகிய மீன்போல நெளிந்தது சதை. சில்லென்றிருந்தது.

'தனியா கெடக்கீங்க?'

'எப்பவும் தனிமதானே? இங்க வசதியா காத்தோட்டமா இருக்கு...'

'பேத்தி கூட இருக்கதா சொன்னாக'

'அவதான் பாத்துக்கிடுதா....அவ ஊருக்குள்ள இருக்கா. சோறு குடுத்தனுப்புவா...வேற என்ன வேணும்?'

'இருந்தாலும்...'

'லே இது நான் பாத்துப்பாதுகாத்த நெலம் பாத்-துக்க....கமல வச்சு தண்ணி எறச்சு நான் வெள்ளாம பண்-ணின மண்ணு. இப்ப யாருக்கும் வெள்ளாமைக்கு நேரமும் இல்ல மனசும் இல்ல. இருந்தாலும் இது நம்ம மண்ணுல்ல? என் சடலம் இங்கதானே விளணும்?'

'அங்க வீட்டிலே இருந்திருக்கலாமே வயசான காலத்-திலே'

'அவுகள்லாம் இப்ப பெரியாளாயாச்சுலே•••செயிலுக்குப்-போன கொள்ளுத்தாத்தாவப்பாத்தா பிள்ளையளுக்கு பயமா இருக்குண்ணு சொல்லுறா. மூத்தகுட்டிக்குத் தரம்பாக்கிறாக. பேச்சுவாறப்ப இவன் யாரு என்னன்னு கேள்வி வரத்தானே செய்யும்? இப்ப அவுக இருக்கிற இருப்புக்கு ரெட்டைக்-கொலை செஞ்சு செயிலுக்குப்போன கதையச் சொல்ல முடி-யுமா? சரிதான்னு நானே இந்தப்பக்கமா நவுந்துட்டேன்•••நீ ஒண்ணும் கவலப்படாதே•••எனக்கு ஒரு கொறையுமில்ல•••'

'உடம்பு எப்டி இருக்கு?'

'நடுவு தளந்துபோச்சு. எந்திரிக்கமுடியாது••••சரி இனிமே என்ன? மிஞ்சிப்போனா இந்தக் கார்த்திகை. அதான் என் கணக்கு பாத்துக்க••••எல்லாம் பாத்தாச்சுலே . இருந்து இருந்து சலிச்சுப்போச்சு. போனாப்போரும்னு ஆயாச்சு. எளவு, உத்தரவும் வரமாட்டேங்குது••••சரி, நாம நினைச்சா வருமா? அவன் நினைக்கணும்••••.'

சுடலை பேசாமல் பார்த்துக்கொண்டே இருந்தார்

'என்ன பாக்கே?'

'மூத்தவன் வாறதுண்டா?'

'ரெண்டுபேரும் வருவானுக•••ஆனா அவனுகளுக்கும் வயசாச்சு. ஆயிரம் நோயிங்க அவனுகளுக்கும் இருக்கு••••நாம இப்டி இளுத்துகிட்டு கிடந்தா அவனுக என்ன செய்வானுக?•••செரி அது போவட்டு•••நீ எப்டி இருக்கே? சரியா கண்ணு தெரியல்ல பாத்துக்க•••.'

அவர் சுடலையின் கையைப் பிடித்து உருட்டிப்பார்த்தார். 'என்னல கையெல்லாம் ஒழவுகம்பு கணக்கா இருக்கு?'' மூச்சு இழுத்து 'சாராயம் மணக்குது••••அப்ப அதுதான் என்னல?'

'வாறப்ப கொஞ்சம் குடிச்சேன்'

'கொஞ்சமில்ல•••உனக்க கை நடுங்குது•••நனைஞ்ச துண்ட முறுக்கினமாதிரி இருக்கு கை•••லே நீ இப்ப இத்-துப்போன குடிகாரன்•••இல்லேண்ணு சொல்லு'

சுடலை உதடுகளை இறுகக் கடித்தார். நெஞ்சுக்குள் அழுத்தம் ஏறி ஏறி வந்தது.

'வேண்டாம்லே•••நீ பிள்ள குட்டிக்காரன்•••ரெண்டு பயக இருக்கானுக ராமலட்சுமணன் மாதிரி..'

சட்டென்று அலறியபடி கிழவர் காலில் விழுந்துவிட்டார் சுடலை. மெலிந்த கால்களை இறுகப்பிடித்து மண்டையை அதில் மோதி மோதிக் கதறி அழுதார். அந்தக்கணமே செத்துவிடவேண்டும் என நினைப்பவரைப்போல. பெரியவரின் கை அவர் தலைமேல் படிந்து முடியைப் பற்றிக்கொண்டு நடுங்கிக்கொண்டிருந்தது

மெல்ல ஓய்ந்து தேம்பிக்கொண்டிருந்தபோது கிழவர் 'போனது யாரு?' என்றார்

'மூத்தவன்யா••••கருமுத்துஅய்யனாரு மாதிரி கண்ணு நெறைஞ்சு நின்னானே •••என் செல்லம் என் ராசா•••என் எஜமானே, நான் என்ன செய்வேன்? இனி என்னத்துக்கு நான் உசிரோட இருக்கணும்? நான் இனி என்ன மசுத்துக்கு மனுஷன்னு நடமாடணும்?' மீண்டும் தலையிலறைந்துகொண்டு அழ ஆரம்பித்தார்

'என்ன நடந்தது?'

'அப்பவும் இப்பவும் ஒரே கததான் அய்யா••• ஈனச்சாதி நெலம்வச்சிருந்தா விடமாட்டானுங்க•••'

கிழவர் 'முருகா•••' என்றார்

'நெலத்தக் கேட்டானுக. குடுக்க மாட்டேன்னு சொன்னேன். சீண்டிட்டே இருந்தானுக. பய கொஞ்சம் சூடுள்ளவன். துணிஞ்சு நின்னான்••••கைய வச்சிட்டானுக•••அய்யா என் சக்கரவர்த்திய பழங்கந்தல மாதிரி அடிச்சு சுருட்டி முள்ளுக்காட்டில செருகி வச்சிருந்தானுகளே•••அதக் கண்ணால பாத்துட்டு நானும் சோறு திண்ணுட்டு வாழுறேனே••••அந்தக் கண்ண நோண்டி எறியாம இருக்கேனே'

'ஆளத்தெரியுமாலே?'

'தெரியும்••••.'

கிழவர் 'ம்ம்?' என்றார். அந்தப் பழைய சேத்துக்காட்டார் குரல் அது. குகைப்புலியின் ஒலி போல. சுடலைக்குப் புல்லரித்தது.

'ம்ம்?' என்றார் கிழவர் மீண்டும்,

'என் கையிலே அருவா நிக்கமாட்டேங்குது சாமி...நூறு-வாட்டி ஆயிரம் வாட்டி மனசுக்குள்ள அவன வெட்டி சாய்ச்சாச்சு...முடியல்ல. சாராயத்த ஊத்தி தீய அணைச்-சுகிட்டு படுக்கத்தான்யா முடியுது....என்னால முடி-யல்ல...என் காலு மண்ணில தரிக்கல....நான் அப்பவே செத்தாச்சு...இந்தச்சடலத்த வச்சுகிட்டு நான் அவன் முன்-னால போயி நிக்கமுடியாது....என்னால முடியல்ல...என்-னால முடியல்லய்யா'

கிழவர் பேசாமல் கண்கள் மின்ன படுத்துக்கிடந்தார்.

'உங்களப்பாத்தா ஒரு தைரியம் வருமான்னு பாக்கவந்-தேன்யா....வீட்டுப்பாத்திரத்த எடுத்து வித்து அந்தப்பணத்-திலே வெசாரிச்சு வந்தேன்...ஆனா நீங்க இந்தக் கெடை கெடக்கிறீக....என்னத்துக்கு இதெல்லாம்னு தோணுது. எதுக்கு வெட்டும் குத்தும்? அந்தப் பாழாப்போன நெலத்-துக்கா? அந்தப் பொட்டக்காட்டுக்கா நான் என் செல்லத்த பலிகுடுத்தேன்? வேண்டாம்....அந்த மண்ணு நாசமா—'

பளாரென்று கன்னத்தில் அறை விழுந்தது. காதுஅ-டைக்க விழுந்த அறையில் சுடலை பொறி கலங்கி சரிந்து பொத்திப்பிடித்துக்கொண்டார். ஊன்றிய கை ஆடியது. அவர் நிமிர்வதற்குள் கிழவர் தன் ஒரு கையை ஊன்றிக் கடைசி உந்தலில் எழுந்து பாதி அமர்ந்துவிட்டார். வற்றிச்சுருங்கிய முகம் உணர்ச்சிமிகுதியால் கோணலாகியது. தாடை ஆட கழுத்துச்சதைகள் நெளிந்து நெளிந்து இழுபட்டன.

'ச்சீ...பிச்சக்காரப்பயலே....நெலத்தையா பழிக்குறே? லே நெலம் உனக்கும் எனக்கும் தாயாக்கும்லே...நீயும் உன் சந்ததிகளும் இந்த மண்ணில மனுஷனா வாழணுமானா கையிலே நெலமிருக்கணும்...நீ ஆம்புளையானா போயி அவன வெட்டுல.. வெட்டிட்டு நீயும் சாவுலே... உன்னால முடியல்லேண்ணா உனக்க மகன அனுப்பு...நீயும் உன் வம்-சமும் வெட்டிச் செத்தாலும் சரி, ஒரு துண்டு நெலத்த விடாதீங்க ....நம்ம சந்ததிகளுக்கு நாம செய்ற கடமைலே...'

ஊன்றிய கை வெடவெடவென ஆட கிழவர் அப்படியே மல்லாந்து விழுந்தார். மறுகையால் தரையைப் படார் படார் என ஓங்கி அறைந்தார். ‘மனுசனா வாழணும்ல...நாயா பண்ணியா வாழாதே. மனுஷனா வாழு...மனுஷனா வாழுலே...லே மனுஷனா வாழுலே’

இருமல்களும் மூச்சுத்திணறல்களுமாக தன் முன் கிடந்து நெளியும் அந்த வற்றிய உடலை சுடலை விழித்துப்பார்த்-துக்கொண்டு அமர்ந்திருந்தார்.

11. குருதிக் கொடை

- எஸ். மதுரகவி

ஞாயிற்றுக்கிழமை. காலை நேரம். மழை லேசாக தூறிக் கொண்டிருந்தது. பூட்டியிருந்த மாளிகை போன்ற வீட்டு வாசல் படிக்கட்டில் பருமனான உடல்வாகு கொண்ட நடுத்தர வயது நபர் அமர்ந்து இருந்தார். அவரைச் சுற்றி நான்கைந்து இளைஞர்கள் இருந்தனர். ஓர் இளைஞன் பேசினான் :

‘மாணிக்கம் அண்ணன் வாக்கிங் போகும் போது எல்லாம் இந்த வீட்ல ஏன் உட்காராருன்னு....’

‘யார் கேட்டது சுரேஷ்’ என்றார் மாணிக்கம்.

மற்றொரு இளைஞன் ரமேஷ் சொன்னான்

‘இவனே தான் அண்ணே கேட்கறான்’

‘ஆமாம்பா நாளையிலிருந்து இங்க வரக்கூடாது. மாணிக்கம் ரொம்ப நாளா பூட்டி இருக்கும் வீட்டை அபக-ரிக்க பார்க்கறான்னு கிளப்பி விட்டுடுவாங்க ‘என்றார் மாணிக்கம்.

‘நீங்க சொக்கத் தங்கமாச்சே ஒங்கள யார் அப்படி சொல்லுவாங்க’ ரமேஷ் சொன்னான். அப்போது சைக்கிளை நிறுத்திவிட்டு ஓர் ஒடிசலான சூரிதார் உடை அணிந்த இளம்பெண் மாணிக்கம் அருகில் வந்தாள். படபடவென்று பேசினாள் —

'என்ன மாமா.. பூட்டிய வீட்டு முன்னாடி என்ன பண்றே... இத்தனை பேரு கூட இருக்காங்க ட்ராமா ட்ரூப் ஆரம்பிச்சு இருக்கியா ஒத்திகையா... மூஞ்சிய ரப்பா வெச்சுக்காதே... உனக்கு நல்லா இல்லை... டான்ஸ் கிளாஸுக்கு நேரமாச்சு நான் வரேன்'

திரும்பிச் சென்ற அந்த இளைஞி, சைக்கிளில் ஏறி சிட்-டாகப் பறந்து விட்டாள்.

'என்ன இந்த பொண்ணு. என்கிட்ட இவ்ளோ உரிமையா பேசுது அன்னிக்கு நான் தியேட்டர் அருகில் நின்னப்ப ட்யூட்டிக்கு போகாம ஏன் இங்க நிக்கறே ன்னு கேட்டுச்சு... துப்பறியும் சிங்கம் தமிழ் தம்பி சொல்லு யார் இந்த பொண்ணு?' என்றார் மாணிக்கம்.

தமிழ் தம்பி அவர் அருகில் வந்தான்.'இவன் துப்பறியும் ஓணான்னு சொல்லுங்க ' என்றான் ரமேஷ். தமிழ் தம்பி அவனை முறைத்துப் பார்த்தான்.

'நீ சொல்லுப்பா 'என்றார் மாணிக்கம்.

தமிழ் தம்பி பேசினான் —

'அண்ணே உங்களைப் போல் ஒருவன் '

'அப்படின்னா....'

'அண்ணே இந்த பொண்ணு பேரு மீனா.. இவங்களோட தாய் மாமா பேராசிரியர் ஜெகன். . அவர் அச்சு அசலாக ஒங்கள மாதிரியே இருப்பாரு எம் ஆர் காலேஜ்ல ஒர்க் பண்றாரு அவர் ன்னு நெனச்சு ஒங்க கிட்ட இவங்க பேசிட்டு போறாங்க'

சுரேஷ் பேசினான் —

'அண்ணன் மாணிக்கம் டிகிரி முடிக்க முடியாமல் போச்-சுன்னு வருத்தப்படறாரு இல்ல.. டிஸ்டன்ஸ் கோர்ஸ்ல அண்ணண சேர்த்து விட்டு படத்துல வர்ற மாதிரி அவரை எக்சாம் எழுத வைச்சுடலாம் ' மாணிக்கம் அவனை முறைத்தார்.

'அப்படித்தான் அந்த டிகிரியை வாங்கணுமா...? சரி வாங்க போகலாம்'

தூறலில் நனைந்தபடி அனைவரும் அங்கிருந்து கலைந்து சென்றனர்.

தென்றல் மருத்துவமனை. அறுவை சிகிச்சை பிரிவு முன்னால் இளம்பெண் மீனா கவலையுடன் நின்று இருந்-தாள். ஒல்லியான, நடுத்தர வயது கொண்ட செவிலிப் பெண்மணி அவள் அருகில் வந்தார்.' சிஸ்டர்••• அம்மா ஆபரேஷனுக்கு இரத்தம் கேட்டு வாட்ஸ் அப் ல போட்டு இருந்தேன்••• யாரும் வரலை' என்றாள் மீனா.

'கவலைப்படாதே கண்ணு ஓங்க மம்மிக்கு பொருத்தமான இரத்தம் கிடைச்சுடுச்சு..இன்னிக்கே ஆபரேஷன் முடிஞ்சு-டும்.. கொடுத்தவர் அதோ போறாரு பாரு அவர்தான்....' என்றார் செவிலிப் பெண்மணி. அவர் காட்டிய திசையில் பார்த்தாள். மாமா.. என்று மீனா கூப்பிடுவதற்குள் அந்த உருவம் மறைந்து விட்டது. அங்கிருந்த இருக்கையில் அமர்ந்தாள் மீனா.

சற்று நேரத்தில் பேராசிரியர் ஜெகன், மீனாவின் அருகில் வந்து நின்றார்.

'மீனு.. அம்மாவுக்கு எப்படி இருக்கு? தேவைப்பட்ட இரத்தம் கிடைச்சுதா?' கேட்டார்.

'என்ன மாமா நீ இரத்தம் கொடுத்துட்டு நீயே கேட்கறே'

'என்ன சொல்றே.. நான் இப்பதான் ஆஸ்பத்திரிக்கு உள்ளே நுழையறேன்'

'அப்படின்னா••• அவரு தான் கொடுத்து இருக்காரு•••.'

'யாரை சொல்றே'

'ஒன்ன மாதிரியே இந்த ஏரியால ஒரு பெரிய மனுஷன் இருக்காரு .. மாணிக்கம் சார்••• நீன்னு நெனச்சி இரண்டு தடவை அவர் கிட்ட உரிமையோட கலாய்ச்சிட்டேன். அப்பு-றம் தான் அவரைப் பத்தி என் ப்ரெண்ட்ஸ் சொன்னாங்க••• அவர் தான் அம்மாவுக்கு இரத்தம் கொடுத்து விட்டு வந்தது தெரியாம போய்ட்டாரு••••.'

ஜெகனின் விழிகள் வியப்பில் விரிந்தது.' நீ சொன்னா மாதிரி அவர் பெரிய மனிதர் தான்' என்றார்.

12. சட்டென நனைந்தது இரத்தம்!

- ஜே.கே

யாழ்ப்பாணம் வழமை போலவே அதிகாலையிலேயே விழித்திருந்தது. வெளிச்சம் இன்னும் பரவலாக படரத் தொடங்கவில்லை. மார்கழி மாத பருவமழையில் திருநேல்–வேலி சந்தை சாக்லட் தொழிற்சாலையாக காட்சியளித்தது. வியாபாரிகள் சைக்கிளில் கட்டிக்கொண்டுவந்திருந்த மரக்கறி மூட்டைகளை இறக்கி அன்றைய ஏலத்துக்கு தயாராகிக்–கொண்டிருந்தனர். Special Task Force officer குமரன் Splender Motorbike இல் வந்து இறங்கும் போது நேரம் சரியாக நான்கு மணி. யாழ்ப்பாணம் ASP திலீபன் spot இல் ஏற்கனவே காத்துகொண்டிருந்தார்.

"எப்பிடி தெரியும் திலீபன்?"

"சந்தைல தேங்காய் கடை வச்சிருக்கிற சண்முகம் தான் inform பண்ணினவர்"

"வரச்சொல்லுங்க"

"நான் தான் அய்யா சண்முகம், காலைல சந்தைக்கு பின்னால ஒதுங்க…"

"எத்தினை வருஷமா இங்க கடை வச்சிருக்கிறீங்க?"

"இருவது வரியமா இங்க தான், வாசாவிளானால இடம்–பெயர்ந்து வந்தா பிறகு வச்ச கடை அய்யா, குத்தகைக்கு தான்"

"எப்ப பார்த்தீங்க?"

"சவத்தையா கேட்கிறீங்க? மூண்டு மணி இருக்கும்"

"அந்த நேரம் இங்க என்ன வேலை? வீடு வாசல் இல்–லையா?"

"வீடு கொக்குவில்ல, நான் வெள்ளி எண்டா சந்தைல தான் படுப்பன். வெள்ளன கடை திறக்கிறத்துக்கு… காலம கக்குசுக்கு போன இடத்தில தான் சவத்த கண்டனான்"

"திலீபன், நீங்க எத்தனை மணிக்கு spotக்கு வந்தீங்க?"

"மூண்டரைக்கு வந்திட்டன்"

"Forensic க்கு inform பண்ணியாச்சா"?

"ஓம்"

"வீட்ல யார் யாரு?"

"அம்மா மட்டும் தான், மனிசி Doctor, கண்டில "

"Then keep it secret, அம்மாக்கும் தெரிய வேண்டாம், உதயனுக்கு news போயிட்டா?"

"Press க்கு இன்னும் தெரியாது Sir"

That's good. கொலையாளி alert ஆகக்கூடாது …சண்முகத்த warn பண்ணுங்க …வெளிய சொன்னா இங்க கடை இனி வைக்க ஏலாது எண்டு சொல்லுங்க"

"Done"

"Spot எல்லாம் full ஆ check பண்ணீட்டீங்களா?"

"தேடினதுல போன் மட்டும் தான் கிடச்சுது, Postmortem இண்டைக்கே செய்ய சொல்லணும்"

"சொல்லாதீங்க .. செய்யுங்க"

S P கோகுலின் சடலம் சந்தையின் பின்புறத்தில் உள்ள குப்பைத்தொட்டி அருகே அழுகிய வாழைப்பழங்கள் நடுவில் கழுத்திலும் மார்பிலும் வெட்டுக்காயத்துடன் மல்லாக்க கிடந்தது.

நல்லூர் கோயில்மணி நேரம் மணி ஐந்து என்றது.

****

"என்ன திலீபன் இண்டைக்கும் அதே நேரத்தில call பண்ணுறீங்க? நீங்க என்ன morning person ஆ?"

குமரன் திலீபனிடம் பேசிக்கொண்டிருக்கும் போது நேரம் காலை ஐந்து மணி. முந்தைய தினம் முழுதுமான கோகுல் கொலை விசாரணையின் அசதி குமரனின் குரலில் தெரிந்தது. குடும்பம் எல்லாம் மலேசியாவில் குடியேறிவிட இவன் மட்டும் இங்கேயே தங்கிவிட்டான். வவுனியாவில் வேலை செய்யும்போது அங்கே உள்ள படை அதிகாரியுடன் நடந்த தகராறில் யாழ்ப்பாணத்துக்கு மாற்றப்பட்டவன். சுடுதண்ணி என்று சக பொலிசாரால் அழைக்கபடுபவன்.

"Sir, இன்னொரு துன்பியல் சம்பவம்!"

"Don't say its a murder"

"I am afraid, It is sir!"

"என்னய்யா நடக்குது யாழ்ப்பாணத்தில, நான் இங்க posting ஆகியே இருக்க கூடாது ...ஏதோ கிரீஸ் பூதம் வருது, control பண்ணுங்க எண்டு அனுப்பினாங்க.. இங்க பார்த்தா காலைல கோயிலுக்கு போற மாதிரி கொலை நடக்-குது!"

"நிறைய para military groups இயங்குது Sir... Hard to control"

""யாருன்னு தெரியுமா?"

"I can only guess sir"

"யாரு?"

"Sure இல்ல, ஆனா எண்ட guess சரியா இருக்கும் எண்டா..."

"Will you just cut the crap and tell who is it?"

"விஷ்ணு எண்டு நினைக்கிறன்"

"யாரு அந்த Informer ஆ?"

"That's what I think, கோகுல் phoneல இருந்த Informer விஷ்ணுவோட முகத்தோட இந்த முகம் ஒத்துப்-போகுது"

"You Sure?"

"இங்கயும் Jeans pocketல அதே மாதிரி ஒரு துண்டு கிடச்சுது"

"திரும்பவும் துண்டா? என்ன எழுதியிருக்கு?"

Sir,

எஸ்.பி .கோகுலிடம் நான் தவறான குறியீட்டைத்தான் கொடுத்திருக்கிறேன். கவலை வேண்டாம்

— விஷ்ணு

"இப்ப எந்த துண்டு உண்மை? தப்பான குறியீட்டை வச்சு நேற்று நாள் முழுக்க மண்டைய பிச்சது தான் மிச்-சமா? இப்ப புதுசா ஒரு Sir வந்திருக்கிறார். Atleast ஒரு

lead ஆவது கிடச்சுது, அங்கேயே இருங்க .. நான் பத்து நிமிஷத்துல வாறன்“

“ம்..ஓ ஓகே ..”

“என்ன தயங்கிறீங்க? வேற news ஏதாவது?”

“ Erggh... check பண்ணினதில... விஷ்ணுக்கு ஒரு girl friend இருக்கோணும் போல கிடக்கு”

“Great, makes our life easy!”

***

“மொனவட ஒனே”

“முறைப்பாடு ஒண்டு செய்யோணும் அய்யா .. கம்ப்-ளைன் யு நோ ... ஐ கம் அண்ட் கிவ்”

“சிங்கள கதகரன்ன பாய்ட?”

“நோ சேர், டிக்க டிக்க”

யாழ்ப்பாண போலீஸ் நிலையம் பரபரப்பாக இயங்கிக்-கொண்டு இருந்தது. ஓரத்தில் பல தாய்மார்கள் கவலையுடன் எதற்கோ காத்துகொண்டிருந்தனர். ஒருபக்கம் சிங்களம் தெரியாதவர்கள் தங்களுடைய முறைப்பாட்டை விவரிக்க சிரமப்பட்டுக்கொண்டு இருக்க இன்னொரு பக்கம் மொழிபெ-யர்ப்பாளர்கள் முறைப்பாடு ஒன்றுக்கு 5000 ருபாய் வரை பேரம் பேசிக்கொண்டு இருந்தனர். ஒரு சிலர் குமரன், திலீ-பன் போன்ற தமிழ் போலீசாரின் உதவியை தெரிந்தவர்கள் ஊடாக முயற்சித்துக்கொண்டு இருந்தனர்.

“கோகுல் case சாதாரணமானது இல்ல திலீபன். Very Sensitive, Communal Riots கூட வரலாம், சீக்கிரம் கண்டுபிடிச்சு case அ close பண்ணனும்”

“விளங்குது ... இந்த விஷ்ணு யாருன்னு கண்டு பிடிச்சா போதும்”

“Postmortem த்தில இந்த துண்ட விட வேறு ஏதும் தடயம் கிடைச்சுதா?”

“இல்ல சார்.. இது கூட கோகுலின் underwear க்குள் இருந்தது, so தனக்கு வர இருந்த ஆபத்து கோகுலுக்கு முன்னமேயே தெரிஞ்சிருக்கு...”

“I see, விஷ்ணு இந்த கொலையை செய்திருக்க சான்ஸ் இருக்கா?”

“நான் நினைக்கேல்ல, விஷ்ணு கோகுலின் secret informer... அவனோட numberஉம் படமும் கோகுலின் phone ல இருக்கு. விஷ்ணுவுக்கும் தன்னுடைய நம்பர் கோகுலின் போனில் இருப்பது தெரியும். So விஷ்ணு இதை செய்து இருந்தா, நிச்சயம் தன்னோட number ஐ delete பண்ணி இருப்பான், இல்ல phone ஐ அப்பிடியே spotல விட்டிட்டு போயிருக்கமாட்டான். அத்தோட அவன் கொலை செய்வதற்கு இந்த நிமிஷம் வரை எங்களால் ஒரு காரண-மும் கண்டுபிடிக்க முடியேல்ல”

“விஷ்ணுவுக்கு இந்த போனில் இருந்து call பண்ணி பாத்தீங்களா?”

“Phone switched Offல இருக்கு, Dialog operator SIM, customer service ல சொல்லி நம்பர் எந்த பெயரில register ஆகி இருக்கு எண்டு பார்க்க சொல்லியாச்சு”

“Mobile ஓட location ஐ trace பண்ணலாமா?”

“அவன் phone ஐ switched on பண்ணினா முடி-யும்னு தான் நினைக்கிறன், Secret Audit enable பண்ணணுமாம் ... Defence ministry approval வேணும்... மெதுவா தான் செய்வாங்க, சொல்லியிருக்கு, இன்னைக்குள்ள அனுமதி எடுக்க சொல்லி இருக்கிறன்”

“Good Job, So இந்த Phone ஆல ஒரு பிரயோ-சனமும் இல்ல”

“இருக்கு சார், கோகுல் இறந்தது இன்னும் public க்கு தெரியாது, So விஷ்ணு கொலையாளி இல்லை எண்டா சிலவேளை,அவன் கோகுலுக்கு call பண்ண சான்ஸ் இருக்கு”

“Brilliant thinking ... எங்க படிச்சீங்க?”

“Jaffna University”

“No Wonder”

திலீபன் சிரிக்கும்போது சிறிய பெருமை தெரிந்தது. திலீ-பன் கிளிநொச்சியை சேர்ந்தவன். யாழ்ப்பாண பல்கலைக்க-ழகத்தில் படித்துக்கொண்டிருக்கும் போது புலிகள் இயக்கத்-தில் சேர்ந்து பின்னர் படையினரிடம் பிடிபட்டு approver ஆக மாறி இப்போது ASP வரை வளர்ந்திருப்பவன். அவன் எது செய்தாலும் ஒரு புத்திசாலித்தனம் இருக்கும். இயக்கத்-தில் இருக்கும்போதே ஆங்கிலம் கற்றவன். இப்போது சிங்க-ளமும் நன்றாக பேசுவான்.

Mr கோகுல்——

S W H2 6F —— இது தான் குறியீடு. கவனம்.

-விஷ்ணு

மீண்டும் அந்த துண்டு சீட்டை வாசித்தான் குமரன்.

"இது என்ன குறியீடாக இருக்கும் எண்டு நினைக்கிறீங்க திலீபன்?"

"No idea at all. எனக்கென்னவோ "Mr கோகுல்" எண்டு சொல்லி இருக்கிறதால விஷ்ணு படிச்சவனா இருக்-கணும். ஒரு மணித்தியாலம் அவகாசம் தாங்க. கொஞ்சம் Googleல தேடிப்பார்க்கிறன்"

"Go ahead திலீபன் .. அப்படியே கோகுலின் Profile Copyய ஒருக்கா Forward பண்ணி விடுங்க"

"Sure"

என்று சொல்லிக்கொண்டே திலீபன் தன்னுடைய அறைக்கு விரைந்தான்.

திலீபன் எப்படியும் ஒரு துப்பாவது பிடித்துவிடுவான் என்று நினைத்துகொண்டே குமரன் மீண்டும் அந்த துண்டுச்சீட்டை வாசித்தான்.

Mr கோகுல்——

S W H2 6F —— இது தான் குறியீடு. கவனம்.

-விஷ்ணு

"விஷ்ணு நீ எங்கு இருக்கிறாய்?"

***

நாவலர் வீதியில் இருக்கும் விஷ்ணுவின் வீட்டை குமரன் அடையும் போது நேரம் ஐந்தரை ஆகி இருந்தது. வீடு பிரதான வீதியில் இருந்து இறங்கிய ஒரு குச்சு ஒழுங்கைக்குள் இருந்தது. பத்து வீடுகள் தள்ளி ஒரு இராணுவ முகாம் இருக்கவேண்டும் போல. ஒருவித இராணுவ பிரசன்னத்தை அந்த பிரதேசத்தில் உணரக்கூடியதாக இருந்தது.

"Good .. So அந்த "Sir" யாருன்னு கண்டுபிடிக்கணும், விஷ்ணு double game ஆடி இருக்கிறான். Dangerous fellow!"

விஷ்ணுவின் தலையும் மார்பிலுமாய் இரண்டு குண்டுகள் பாய்ந்திருந்தன. கைகலப்பு நடந்ததுக்கான எந்த அடையாளமும் இல்லை. சுவற்றிலே நயினாதீவு நாகபூஷணி அம்மன் calendar தொங்கியது.

"நான் அப்பிடி நினைக்கேல்ல"

"என்ன சொல்றீங்க, வேற கோணம் இருக்கா?"

"கோகுல் underwear ல இருந்த துண்டுச்சீட்டு நான்கா மடிச்சு இருந்திச்சு. ஆனா விஷ்ணு pocketல இருந்த துண்டுச்சீட்டு எட்டா மடிச்சு இருந்திச்சு"

"அடடா நல்ல observation... but அத வச்சு ஏதாவது சொல்ல முடியுமா.."

"முடியும், ரெண்டு சீட்டுமே கிட்டதட்டஒரே அளவு... So ஒருத்தரே மடிச்சு இருந்தா அநேகமாக ஒரே மாதிரி தான் மடிச்சு இருந்திருக்கணும். So ரெண்டையும் விஷ்ணுவே செய்திருக்க chance இல்ல , எனக்கென்னவோ விஷ்ணு கோகுலுக்கு நம்பிக்கையானவனாத்தான் இருந்து இருக்கணும்"

"Makes sense, but proceed பண்ணுறத்துக்கு இது போதாது திலீபன்"

"I know, ஆனா என்னட்ட இன்னொரு தடயம் இருக்கு"

"தடயமா? come-on Thileepan .. என்ன அது? சொல்லவே இல்ல, யாரு அந்த விஷ்ணுவின் காதலி?"

"விஷ்ணுக்கு காதலி இருக்காளானு தெரியாது. But கொலையாளியை பற்றி கொஞ்சம் ஊகிக்க முடியுது"

"என்ன திலீபன் குழப்புறீங்க, நீங்க தானே காதலி இருக்-காள்னு சொன்னீங்க"

"அது உங்கள divert பண்ணுரத்துக்கு சொன்னது...."

என்ற திலீபன் தயங்கியபடியே சொல்லியபோது அங்கே ஒருவித அசாதாரண சூழ்நிலை உருவாகத்தொடங்கி இருந்-தது.

"திலீபன் ... என்னை ஏன்.."

....

....

"எண்ட guess சரின்னா .... நீங்க தான் குமரன் இந்த ரெண்டு கொலையையும் செய்திருக்கவேண்டும் !!!!"

"What? ..... Come again?" —— அதிர்ந்தான் குமரன்.

"You heard it right Mr Kumaran .. You are the prime suspect"

"திலீபன், விசரா உனக்கு? நேற்று முழுக்க நான் உன்-னோட தானே இருந்தன், நான் எப்படி?"

"Except of that one hour! நான் Google ல தேடிக்கிட்டிருந்த சமயம் நீங்க என்னோட இருக்கவில்லை... நேற்று இரவே எனக்கு சந்தேகம் வந்திட்டு... ஆனா இன்-னிக்கு confirm ஆயிட்டுது"

"மூளை குழம்பி போச்சா திலீபன், You are out of your mind"

"Nope, நேற்று இரவு எனக்கு Dialogல இருந்து information வந்தது. விஷ்ணு numberல இருந்து கோகுல் phoneக்கு call பண்ணியிருக்கிறதா சொன்னாங்க. முதல்ல எனக்கு ஆச்சரியம். உங்களை உடனே contact பண்ண முயற்சி பண்ணினேன். ஆனா phone off ல இருந்திச்சு. விஷ்ணு நேற்று call பண்ணின சமயம் தான், நான் Googleல தேடிக்கிட்டு இருந்திருக்கேன் எண்டு அப்-

புறம் புரிஞ்சுது. So நீங்க விஷ்ணுவோட பேசியிருக்கிறீங்க. ஆனா நான் நேற்று பின்னேரம் திரும்பவும் check பண்ணும் போது phoneல புதுசா ஒரு call detailsம் இருக்கவில்லை!"

குமரனுக்கு அந்த யாழ்ப்பாண காலைப்பனியிலும் மெதுவாக வியர்க்க ஆரம்பிச்சது

"அந்த குறியீடு இப்ப கோகுல் கைக்கு போனது தெரிஞ்சு நீங்க தான் கோகுலை மிரட்டி கொலை பண்ணி இருக்கணும். ஆனா கோகுல் underwearக்க துண்டுச்சீட்டை மறைச்சு வச்சிருப்பார் எண்டு நீங்க யோசிக்கவில்லை, Am I right?"

"Its silly திலீபன், நீங்க என்ன சொல்றீங்க என்றே எனக்கு புரிய இல்ல"

"இப்ப எனக்கும், department க்கும் தெரிஞ்சிட்டு எண்டதால, என்ன செய்யலாம் எண்டு நீங்க குழம்பி போய் இருந்த நேரம் தான் விஷ்ணு call பண்ணி இருக்கிறான். அந்த நேரம் அவனோட பேசி தந்திரமா நேற்றிரவு சந்திக்க திட்டம் போட்டு இருக்கிறீங்க. அப்பிடியே விஷ்ணு கோகுலுக்கு தப்பான குறியீடு குடுத்ததா ஒரு துண்டு சீட்டையும் print பண்ணி இருக்கிறீங்க. நேற்று இரவு விஷ்ணுவ இங்க கொலை பண்ணீட்டு அந்த சீட்ட அவன் pocketல வச்சிட்டு போயிருக்கீங்க. எனனை திசை திருப்பலாம் எண்டு ஒரு set-up....எவ்வளவோ கண்டுபிடிக்கிறம், இதை கண்டுபிடிக்க மாட்டமா? Its so childish Kumaran!"

"திலீபன், இது எல்லாமே உங்கட கற்பனை தான், உங்களிட்ட எந்த ஆதாரமும் இல்ல"

"ஹா ஹா, இன்னும் சொல்லப்போனா, I think நீங்க ரெண்டு தடவை நேற்று விஷ்ணுவோட பேசியிருக்கணும், சரியா குமரன்?"

என்றான் திலீபன் சிரித்துக்கொண்டே. குமரனின் முகத்தில் இப்போது ஈயாடவில்லை.

“எல்லாத்துக்கும் மேல, காலைல நீங்களே ஒத்துகிட்டீங்க! விஷ்ணு வீடு எங்கே இருக்கு எண்டு நான் எந்த இடத்திலையும் உங்களுக்கு சொல்ல இல்ல.. But சரியான timeல spotக்கு வந்திட்டீங்க.. தப்பு மேல தப்பு குமரன்”

“!@#$ …!@#$ …!@#$” —கெட்ட வார்த்தையால் தன்னை தானே திட்டினான் குமரன்

“ஒண்டு மட்டும் புரியவில்ல, அந்த குறியீட்டுக்கு என்ன அர்த்தம்?… அது ஒரு iron cabinet ஆக இருக்கலாம் எண்டு Google சொல்லுது”

“You are so close திலீபன் .. ஆனா “உதவி போலிஸ் அத்தியட்சகர் திலீபன் கோகுல் கொலையாளியை தேடிப்போன சமயத்தில் நடந்த சண்டையில் பலியானார்” என்ற நியூஸ் நாளைக்கு பார்க்கப்போறத நினைக்க தான் பாவமா இருக்கு”

என்றான் குமரன் ஒரு உதட்டோர ஏளனச்சிரிப்போடு…

“என்ன சொல்றீங்க குமரன்?”

திலீபன் முகத்தில் இப்போது சிறு கலவரம் தோன்றியது.சர்ரென்று அவனுடைய கை jeans pocket இல் இருந்த pistol ஐ தேடியது.

“Hands Up திலீபன், Too late, இவ்வளவு யோசிக்கிறீங்க… இதையும் யோசிச்சு இருக்கணும்… பெரிய தப்பு”

“No Sir, Its Over …நீங்க தான் தப்பு மேல தப்பு பண்ணுறீங்க, நான் ஏற்கனவே IG க்கு morning inform பண்ணீட்டன்”

“ஹா ஹா, Good Try .. But I am sorry திலீபன்!”

என்று சொல்லிக்கொண்டு இருக்கும்போதே குமரனின் கையில் இருந்த pistol “சட், சட்” என இரண்டு குண்டுகளை திலீபன் மார்பில் பாய்ச்சியது.

“Rest In Peace திலீபன்!”

என்று அவனின் உயிர் பிரியும் வரை காத்திருந்து சொல்லிவிட்டு திரும்பிய குமரன் …. எதிரே வந்த நின்ற உருவத்தை பார்த்து விக்கித்து போய் நின்றான்

....

....

....

....

"SIR...நீங்களா?!"

"சட் சட் சட்"

13. இரத்தம் - மு. தளையசிங்கம்

'இன்னும் இந்தப் பு... அவங்கட.... ஊ... போறாங்கள்!"

சோமு, ஒருக்கால் கூனிக் குறுகினன். உள்ளத்தாலும் உடலாலும் எல்லாவற்றாலும் ஒரு கணம் தடுக்கி விழுந்து-விட்டது போன்ற ஒரு நிலை. ஒரு கணத் திகைப்புக்குப்-பின் அவனை அறியாமலேயே அவன் அங்கும் இங்கும் பார்த்துக்கொண்டான். வேறு யாரும் அங்கு இருக்கவில்லை. தூரத்திலும் யாரும் வரவில்லை. அது அவனுக்கு ஒரு வகை நிம்மதியைக் கொடுத்தது. ஆனல் அது அந்தத் தடுக்கலின் நோவை, விழுந்தெழும்பியதினுள் ஏற்பட்ட வெட்கத்தைத் தனியே அனுபவிக்கத் தான்.

கமலம் அவனைத் தாண்டி அப்பால் போய் விட்டாள். ஆனல் அவள் பேசியவை அவனைச் சுற்றியே இன்னும் நின்றன. பச்சையாக நின்றன. சோமு அவற்றை ஒருக்கால் தன் வாயில் மீட்டிப் பார்க்க முயன்றன். முடியவில்லை. வாயில் வருவதற்கு முன் நினைவில் வரும்போதே நிர்வா-ணமாகிவிட்ட ஒரு கூச்சம் அவனைக் குறுகவைத்தது. எப்-போதாவது இடுப்பிலிருந்து கழன்று விழப்போகும் சாரத்-தைக் கை தூக்கும் போது கூடவரும் உடலின், உள்ளத்தின் ஓர் குறுக்கம். அவனுள் முடியவில்லை. அவனுக்கு அவை பழக்கமில்லை. அவன் வளர்க்கப்பட்ட விதம் அதற்கு மாறா-னது. சின்ன வயதில் இரத்தினபுரிக்கு அவன் படிக்கப் புறப்-பட்டபோது ஆச்சி அவனுக்குத் திருப்பித் திருப்பிச் சொல்-லிக்கொடுக்கும் புத்திமதிகள் அப்போது நினைவுக்கு வந்தன.

அப்பு நீ மரியாதையா நடக்கோணுமப்பு. மரியாதையாப் பேசோணும். கெட்ட பேச்சுப் பேசக் கூடாது, என்னப்பு? நீங்கள் நாங்கள் எண்டுதான் எவரோடும் பேசோணும். மற்றப் பொடியளோடு சேந்து விளையாடித் திரியக்கூடாது, கெட்ட பழக்கங்கள் பழகக்கூடாது. நல்லாப் படிச்சு மரியாதையா வரோணும், என்னப்பூ?

ஒவ்வொரு சமயமும் ஊரிலிருந்து புறப்படும் போதெல்லாம் அதுதான் ஆச்சியின் வாயிலிருந்து அடிக்கடி வரும் உபதேசம். அவற்றைச் சொல்லும்போது அவனது முகத்தைத் தடவிவிட்டுக்கொண்டே தன் தலையை ஆட்டி ஆட்டி ஆச்சி சொல்லும் விதத்தை இப்போதும் அவனுல் நினைத்துப் பார்க்க முடிந்தது.

ஆச்சி ஊட்டிய பால், ஆச்சி தீத்திய சோறு என்பனபோல் ஆச்சி வகுத்த அவனுடைய வாழ்க்கை அது. அது அவனை என்றுமே கைவிட்டதில்லை. இரத்தினபுரியில் அப்பரின் கடையில் நின்று படித்த போதும் அதற்குப்பின் இப்போ கிளறிக்கலில் எடுபட்டு அதே ஊரில் வேலை பார்க்கும் போதும் அங்குள்ளவர்கள் அவனைப்பற்றிக் கூறுபவை அதற்கு அத்தாட்சிகள். தங்கமான பிள்ளை! கந்தையர் முதலாளியற்ற மகன் இருக்குதே அதுதான் பிள்ளை! அவனே தன் சொந்தக் காதால் அவற்றைக் கேட்டிருக்கிறான். அப்படி வளர்க்கப்பட்டதினால்தானா இப்போ கமலம் சொன்னதை அவனுள் திருப்பிச் சொல்ல முடியாமல் இருந்தது?

ஆனல் அதுதான் காரணமென்றால் கமலத்தால் கூட அப்படிப்பேச முடியாதே! சோமுவுக்கு ஆச்சரியமாய் இருந்தது. அவனைவிட வித்தியாசமாய் கமலம் வளர்க்கப்படவில்லையே! அவனைப் போலத் தானே அவளும் வளர்க்கப்பட்டாள்! அவளின் அப்பர் கார்த்திகேசரும் கொழும்பில் ஒரு முதலாளி. கந்தையரை விடப் பெரியமுதலாளி. ஏன், கமலத்தின் ஆச்சியும் அதே தங்கந்தானே? சோமுவுக்கு வேறு நினைவுகளும் தொடர்ந்தன. அவனைப்பற்றி இரத்தினபுரிச் சோற்றுக்கடையில் ஒவ்வொருவரும் புகழ்கிறார்கள் என்றால் கமலத்தை ஊரில் ஒன்பதாம் வட்டாரத்திலுள்ள

ஒவ்வொருவரும் புகழ்ந்திருக்கிறார்கள். அவனே அதைக் கேட்டிருக்கிறான் , அதுமட்டுமல்ல. அப்படிக் கேட்கும்போது அவனுக்குத் தன்னைப் பற்றிய நினைவுதான் அடிக்கடி வரும். தங்கமான பிள்ளை. சோற்றுக்கடையில் அவர்கள் அப்படித்தான் சொல்வார்கள். அப்போ கமலமும் அவனும் ஒரே வர்க்கமா? ஆமாம், அப்படித்தான் இருக்கவேண்டும். அப்படித்தான் அவன் நினைத்திருக்கிறான். அதே வர்க்கம், அதே கலாசாரம்.

எது யாழ்ப்பாணக் கலாசாரம் என்று சொல்லப்படுகிறதோ அதைத் தன் சொந்தக் கலாசாரமாக வைத்திருக்கும் அந்த மத்தியதர வகுப்புக்கே உரிய பாணியில் எப்படி சோமு வளர்க்கப்பட்டானோ அப்படித்தான் கமலமும் வளர்க்கப்பட்டாள். சோமுவுக்கு இன்னும் அந்தக் கலாசாரத்தின் தரத்தில் சந்தேகம் ஏற்படவில்லை. சந்தேகம் ஏற்படும் என்ற நினைவே அவனுக்கு இல்லை. ஒன்பதாம் வட்டாரத்திலிருந்து பத்தாம் வட்டாரத்துக்கு பஸ்ஸுக்காக நடந்துவர முன் அடுத்தவளவில் உள்ள ஐயனார் கோயிலில் கும்பிட்டு விட்டு ஆச்சியையும் கொஞ்சி விட்டுப் புறப்படும்போது வட்டமாய் உடைந்த தேங்காய்ப் பாதிகளைக் கையில் வைத்துக்கொண்டு *பத்திரமாய்ப் போய்வாப்பு" என்று வழியனுப்பிய அந்த உருவம் அவன் நெஞ்சைவிட்டு என்றுமே மறையாது. அது இருக்கும் வரைக்கும் யாழ்ப்பாணக் கலாசாரத்தில் அவனுக்கிருக்கும் நம்பிக்கையும் போகாதென்றே அவனுக்குப்பட்டது. எப்படி அவனது ஆச்சி அந்தக் கலாசாரத்தின் உருவமாகத் தெரிகிறளோ அப்படித்தான் கமலமும் அவனுக்கு ஒரு காலத்தில் தெரிந்தாள். தலைகுனிந்து மணவறையில் பொன்னம்பலத்துக்குப் பக்கத்தில் அவள் இருந்த காட்சி சோமுவுக்கு இன்னும் நினைவிருக்கிறது. கழுத்தில் கிடந்த தங்கக் கொடியின் பின்னணியில் பொலிந்து சிரித்த முகத்தோடு அவனைக் காணும் போதெல்லாம் 'எப்படித் தம்பி?' என்று அவள் விசாரிப்பது இன்னும் அவனின் நினைவை விட்டு மறையவில்லை. அவளைப்போலத்தான்

இளமையில் அவனது ஆச்சியும் இருந்திருப்பாள் என்று அவன் நினைத்திருக்கிருன், ஆச்சியைப்போலத்தான் கமல-மும் பிற்காலத்தில் வருவாள் என்று அவன் கற்பனை செய்-திருக்கிருன். ஆனால் கமலம் அப்படி வரவில்லை. அவள் இப்போ பேசிக்கொண்டு போனது போல் அவனது ஆச்சி ஒருநாளும் பேசியதேயில்லை.

கமலத்துக்குப் பைத்தியமா?

ஊர் அப்படித்தான் சொல்கிறது. பொன்னம்பலம் செத்-தபின் அவள் அப்படி ஒருகோலத்தில் தான் திரிகிறளாம். வீட்டில் இருப்பதில்லை. வடிவாக உடுப்பதில்லை. சரியாகச் சாப்பிடுகிறாளோ தெரியாது. இப்போ எவ்வளவோ மெலிந்து விட்டாள். முன்பு பூரித்துத் தெரிந்த முகம் இப்போ எவ்வளவு கோரமாக இருக்கிறது! வைத்தியம் எதுவும் பலிக்கவில்லை. கல்யாணம் செய்யவும் விரும்பவில்லை. எங்கெல்லாம் திரி-கிறாளோ தெரியாது. யார் வீட்டில் படுக்கிறாளோ என்-னென்ன செய்கிறாளோ தெரியாது. வீட்டில் அவளைக் கட்-டிவைத்துக் கூடப் பார்த்திருக்கிறார்களாம். ஆனால் முடிய-வில்லை. அப்படியெல்லாம் அவளைப்பற்றிக் கேள்விப்பட்டி-ருக்கிறான். பார்த்ததில்லை. எவ்வளவோ நாட்களுக்குப்பின் இன்றுதான் சோமு அவளைப் பார்த்திருக்கிறான். அதனால்-தான் தூரத்தில் வரும்போதே அவன் சிரிக்கமுயன்றான், ஆனல் அவள் அடையாளம் கண்டுகொண்டதாகத் தெரி-யவில்லை. மாறாக அப்படிப் பச்சையாகப் பேசிக்கொண்டு போகிறாள். சுத்தப் பைத்தியம்! ஆனல் சுத்தப் பைத்-தியம் என்றால் அவள் அப்படிப் பேசியிருக்கமாட்டாளே! சோமுவுக்கு அது நெஞ்சை உறுத்திற்று. அவள் சொன்-னதில் உண்மை இருந்தது. அதுதான்! அவளைப் பைத்தி-யம் என்று தட்டிக்கழிக்க அவனால் முடியவில்லை. ஏதோ ஒன்று பிழைப்பதுபோல் பட்டது. அவளிலும் குற்றமில்லை தன்னிலும் குற்றமில்லை என்று அவனல் நியாயமாக்கிச் சரிக்கட்டல் செய்து தப்பமுடியவில்லை. அவள் சொன்னதில் உண்மை இருந்தது, இருக்கிறது! சோமுவுக்குத் திரும்பவும் ஒரு குறுக்கம். உண்மையில் நான் ஆரம்பத்தில் வெட்கப்-

பட்டது அவள் ஊத்தையாகப் பேசிவிட்டாள் என்பதற்காகவா அல்லது உண்மையைச் சொல்லிவிட்டாள் என்பதற்காகவா? அல்லது இரண்டுக்குமாகவா?

சோமுவால் எதையுங் கண்டுபிடிக்க முடியவில்லை. பயமா? தெரியாது. ஆனல் பழைய நினைவுகள் ஏனே வேண்டாமலே ஓடிவந்தன.

கமலமும் போயிருக்கிறாள். ஆமாம் இப்படித் தடபுடலாக உடுத்துக்கொண்டு பஸ் ஏறிப்போயிருக்கிறாள். பாணந்துறை அங்குதான் பொன்னம்பலம் கடை வைத்திருந்தான். புதுமு-தலாளி, புது மாப்பிள்ளை. நான்கு வருடங்களுக்கு முன் தானே அவர்கள் கல்யாணம் செய்து கொண்டார்கள்? ஆமாம் நான்கு வருடங்களுக்கு முன்புதான். நான்கு வரு-டங்களால்தான் கமலம் சோமுவுக்கு மூப்புங் கூட. கல்யா-ணம் நடந்தபோது சோமு கிளறிக்கலில் எடுபடவும் இல்லை. ஊரில்தான் நின்றன். கல்யாண வீட்டுக்கும் போயிருக்கிறான். அவனுக்கு எல்லாம் நினைவிருக்கிறது. தலைகுனிந்து மணவறையில் பூக்கொத்துத் தெரிய கமலம் அழகாக உட்-கார்ந்திருந்தாள். அதற்குப்பின் அடுத்த மாதமே அவனைப் பொன்னம்பலம் கூட்டிக்கொண்டு போய்விட்டான். பாணந்-துறையில் வீடெடுத்து வைத்திருப்பதற்காக. ஆனால் பாவம் எத்தனை காலம் இருந்தார்கள்?

சோமுவுக்கு அதற்குப்பின் நினைத்துப் பார்க்க முடியாமல் இருந்தது. ஒரு கஷ்டம். அவன் எப்பவுமே அப்படித்தான். அந்தக் கதை வரும்போது அவன் தட்டிக் கழித்துவிடுவான். ஆனல் இப்போ மட்டும் அது தப்பும் மனப்பான்மையாகப்-பட்டது.

ஒரு குறுக்கம்.

சோமு அதை வேண்டுமென்றே வருவித்தான். இப்போ அதை வருவிப்பது ஒருவித பலப்பரீட்சையாக அவனுக்குப்-பட்டது.

அவர்கள் போனபின் ஐந்து மாதங்களுக்குள் இனக் கலகம். பொன்னம்பலத்தின் கடை தட்டப்பட்டது. கடையைப் பூட்டிவிட்டு வீட்டுக்குப் போகமுன் அவர்கள் வந்துவிட்டார்-

கள். வீட்டுக்குப் போனாலும் தப்பிவிடலாம் என்ற நிச்சயம் இல்லை. ஆனல் போகத்தான் வேண்டும். கமலம் அங்கு-தான் இருந்தாள். வேலைக்காரப் பையன் என்ன செய்வான்?

கடையை விட்டுவிட்டுப் பொன்னம்பலம் பின் பக்கத்தால் ஓடினன். ஆனல் வீட்டுக்குப் போகமுடியவில்லை. கூட்டம் ஒன்று துரத்திற்று வேறு வழி இருக்கவில்லை. எதிரே தெரிந்த கோயிலுக்குள் புகுந்துவிட்டான். கடவுள்தான் காப்-பாற்றவேண் டும். கோயிலுக்குள்ளாவது அடைக்கலம் கிடைக்காதா?

ஆனல் கடவுளையே காப்பாற்ற யாரும் அங்கு இல்லை. கோயிலுக்கே அடைக்கலம் கிடைக்கவில்லை. கோயிலையே காடையர்கள் கொளுத்தத் தொடங்கி விட்டார்கள். பொன்-னம்பலம் ஓடி ஒரு மரத்தில் ஏறினானாம். என்ன ஏறினா-னாம்? என்ன "னாம் ?

சோமுவின் நினைவில் ஒரு குத்தல் குறுக்கிட்டது. அந்-தக் கட்டத்துக்குப்பின் எப்பவுமே அவனுக்கு ஒரு நடுக்-கந்தான். அந்தக் கதையை மற்றவர்கள் சொல்லும்போது அவன் வெளியே எழுந்து போய் விடுவதுமுண்டு. அதைப் பச்சையாக நினைத்துப் பார்க்க அவனால் முடிவதில்லை. ஆனல் முன்பு அதைத் தட்டிக்கழித்துவிட்டு நிம்மதியாக இருக்க முடிந்த அவனல் இன்றுமட்டும் கமலத்தைக் கண்ட பின் ஏனே அது முடியவில்லை. இன்று தான் அவனுக்கு இதுவரை அதைத் தட்டிக்கழித்திருக்கிருன் என்ற நினைவே வந்திருக்கிறது. அவன்.திரும்பவும் மீட்டிப் பார்க்க முனைந்-தான். பச்சையாக, பச்சையாக.

பொன்னம்பலம் மரத்தில் ஏறினான். ஆனல் அவர்கள் விடவில்லை. துரத்திக்கொண்டு போனார்கள். இழுத்துக் கீழே போட்டார்கள். பொன்னம் பலம் கும்பிட்டான், கையெ-டுத்துக் கும்பிட்டான். கத்தி அழுதான். சோமுவுக்கு அதை நினைக்கும் போது அந்தக் கட்டத்தில் தானும் அப்படித்தான் செய்திருப்பான் என்றே பட்டது. இல்லை, நான் சும்மாவே செத்திருப்பேன்.

நினைக்கவே பயப்பட்டால் அதை நேரடியாகச் சந்தித்திருந்தால்?

பொன்னம்பலம் கும்பிட்டான். அவர்கள் அதற்காக விடவில்லை. அடித்தார்கள், உதைத்தார்கள். அணுவணுவாய்க் கொன்றுவிட்டார்கள். பொன்னம்பலம் அப்போ எப்படிக் குழறியிருப்பான்?

சோமுவுக்குக் கண்ணிர் வருவதுபோலிருந்தது. ஆனல் அதேசமயம் அது வேறுதிசையில் விசயத்தை வேண்டுமென்றே மறைக்கமுயல்வது போல் பட்டது.

பிறகு?

ஆமாம் அதுதான் முக்கியம். அவன் வேண்டுமென்றே திரும்பவும் முனைந்தான். பச்சையாக, பச்சையாக.

பொன்னம்பலம் செத்துவிட்டான். ஆனல் அவர்கள் அதற்குப்பின்பும் விடவில்லை. அவனைக் கட்டி — அவனைக் கட்டி — இம், ம், சொல்லு — கட்டி றோட்டு றோட்டாக இழுத்தார்கள். பின்பு? சோமு அதை வாந்தி எடுப்பதுபோல் வெளியே கக்கினான். பெற்றோல் ஊற்றி நெருப்புவைத்துப் பற்ற வைத்து எரிய எரிய இழுத்தார்கள், தெருத்தெருவாக இழுத்தார்கள்!

சோமுவுக்கு வியர்த்தது. கைலேஞ்சியை எடுத்து முகத்தைத் துடைத்துக் கொண்டான். பஸ் வருகிறதா என்று அவசரமாகப் பார்த்துக் கொண்டான். வரவில்லை. ஏதோ துன்பம் நெஞ்சை நிறைத்தது.

ஏன்?

ஆம், கமலம்?

ஆமாம் இன்னும் இருக்கிறது. சோமு திரும்பவும் பஸ் வருகிறதா என்று பார்த்தான். வரவில்லை. ஆயிரம் வருடங்களாக அந்தப்பக்கம் பஸ் வராதது போல் அவனுக்குப்பட்டது. ஆனல் விசயம் வேறு என்றும் புரியாமலில்லை.

ஆமாம், கமலம்?

வேலைக்காரன் வீட்டைவிட்டு ஓடிவிட்டான்.

கமலம்?

அவளால் ஓடமுடியவில்லை. பிடித்துவிட்டார்கள். எட்-
டுப்பேர்கள். பின்பு மயங்கிய நிலையில் பொலிஸ் ஜீப் காப்-
பாற்றியது. கொழும்புக்கு அனுப்பி அகதிக்கப்பலில் இங்கு
அனுப்பப்பட்டாள். பைத்தியம்! இல்லை, பைத்தியம் மாதிரி.

ஆனல் சோமுவால் திருப்திப்பட முடியவில்லை. பஸ்
வருகிறதா என்று எட்டிப்பார்த்தான். புங்குடுதீவில் பஸ் என்ற
ஒன்று ஓடுகிறதா?

பஸ்ஸை விட்டுவிடு, கமலம்?. பச்சையாக, பச்சையாக...

எட்டுப்பேர்கள் — இம், ம், -ஒருவன், மற்றவன்...
இம்... அப்படி எட்டுப்பேர்களும். இம்...

ஐந்து... ஐந்துஸெல் டோர்ச்...

சோமுவால் அதற்குப்பின்பு முடியவில்லை. தலை ஏனோ
சுற்றுவது போல்பட்டது. மயக்கம் போடுவதுபோல் வந்தவே-
ளையில் சிவப்பாகத் தெரிந்தது.

சோமு வேகமாகக் கையை உயர்த்தினன். பஸ் வந்து
நின்றது.

ஆனால் கால்கள் நகர மறுத்தன. இன்னும் அவங்க-
டையை....

"தம்பி, ஏறுமன் கெதியா?" கண்டக்டர் சினந்தான்.

சோமு கஷ்டப்பட்டு ஒருபடியாக ஏறினான். ஆனல்
அடுத்தகணம் கால்தட்டுப்பட்டு உள்ளே விழுந்து விட்டான்,
பெட்டியும் கையுமாய்.

முன்னல் இருந்த சீட்டின் முனை கண்ணா மண்டையில்
நல்லாக அடித்து விட்டது.
பஸ்ஸுக்குள் பரபரப்பு, சிரிப்பு எல்லாம். சோமு ஒருவா-
றாகச் சமாளித்துக்கொண்டு ஒரு மூலையில் போய் உட்-
கார்ந்தான். அடிபட்டபின் எல்லாம் தெளிந்துவிட்டது. வலது-
கண் மேல் முனையில் மட்டும் வலிவலியென்று வலித்தது.
அடிபட்ட இடத்தை கையால் தேய்த்துவிட்டான். கைவிரலில்
மெல்லிய இரத்தக் கசிவின் அடையாளம் தெரிந்தது.

இரத்தம்!

இரத்தம்! ஏதோ ஒரு பழைய பயம் உள்ளே ஒலித்தது.

ஆமாம், ஒரு காலத்தில் அந்தளவு இரத்தத்தைக் கண்டாலும் அவன் பயந்து அழுதுவிடுவான். சின்னப் பையனாய் இருந்த காலத்தில் அடுத்த வீட்டுப் பூச்சன், பனையிலுள்ள பெருங்குளவிக் கூட்டுக்கு வீசிய சின்னக் கல் அவனது தலையில்பட்டதினால் மெல்லக் கசிந்த இரத்தத்தைக்கண்டு அவன் அழுது கத்தியிருக்கிறான் கருக்கில் ஒருக்கால் காலை வெட்டியபோது அவன் குழறியிருக்கிறான், ஏன், அதைக் கண்டு ஆச்சி கூடத் தலையில் அடித்து அடித்துக் குழறியிருக்கிறாளே! அதுமட்டுமா? ஆஸ்பத்திரியில் யாரோ ஒருவனின் மண்டையில் ஓடிய இரத்தத்தைக் கண்டு ஆச்சி மயங்கி
விழுந்திருக்கிறாளாமே!

சோமுவை ஏதோ குத்திற்று.

திடீரென்று ஆச்சி காட்டிய வாழ்க்கையில், கலாசாரத்தில், ஏதோ குறையொன்று இருப்பது போல் முதன்முதலாக அவனுக்கு ஏதோ ஒன்று உணர்த்திற்று.

பச்சையாக எதையும் ஆச்சி பார்ப்பதில்லை, காட்டியதில்லை!. இரத்தத்தைக் கண்டால் மயக்கம். நீங்கள் நாங்கள் எண்டுதான் எவரோடும் பேசோணும், கெட்ட பேச்சுப் பேசக்கூடாது என்னப்பூ?... மரியாதையாப் பழகோணும் மரியாதையாப் பேசோணும், என்னப்பூ?... தங்கமான பிள்ளை! கந்தையருடைய பிள்ளை இருக்குதே அது தான் பிள்ளை! எல்லாம் ஒரு பூச்சு, பச்சையாக எதையும் அணுகாத ஒரு பூச்சு வாழ்க்கை!

அதனால்தானா இப்போ கமலம் பேசியது பைத்தியம் அல்ல என்று பட்டும் அவன் பயணம் போகிறான்? சோமு தன்னையே கேட்டுக் கொண்டான். அதனல்தான இன்னும் அவங்கடைய -இம், பயப்படாமல் சொல்லிப் பார், இன்னும் அவங்கடையை ஊ... அங்கே போகிறேன்? அதனால்தான வெட்கம் என்பது இல்லாமல் கமலம் என்ற ஒரு பெண்ணின், ஏன் கமலம் என்ற ஒரு இனத்தின், கமலம் என்ற ஒரு கலாசாரத்தின், கமலம் என்ற ஒரு மொழியின் விதவைக் கோலம் என்ற முதலில், விசர்க் கோலம் என்ற முதலில்,

என் வாழ்க்கை வருமானம் என்பவற்றை உழைக்கப் போகி-றேன்?

அதனல்தானா, அந்த மேல் பூச்சுக் கலாசாரத்தினால்-தானா கமலத்தின் மனநிலையும் அந்த ஒரு நிகழ்ச்சியால் முற்றாக மாறித் திருத்த முடியாத வகையில் சீர்குலைந்து போயிற்று?

அதனால்தானா ஒவ்வொரு சமயமும் அதைப் பற்றிய நினைவிலிருந்து நான் ஒளித்து மறைய முயன்றிருக்கிறேன்? அதனால்தானா? அந்தத் தப்பும் மனப்பான்மையால் தான் சோமுவுக்கு வேறு நினைவுகளும் தொடர்ந்தன. தேசியம், தேசிய ஒற்றுமை என்றெல்லாம் அவன் பேசியிருக்கிறான், அதுவும் பிரச்சனையைக் கடத்தித் தள்ளிப்போட்டுத் தப்பப்-பார்க்கும் அதே மனப்பான்மைதானா? கச்சேரியடியில் உட்-கார்ந்து விட்டு, இரண்டுகிழமை தாடிவளர்த்து வழித்து விட்டு அவன் திருப்திப்பட்டிருக்கிறான். அதே தப்பும் மனப்-பான்மை தானா?

'தம்பி, இரத்தம் வழியுது, லேஞ்சியால் கட்டி விடும்' என்-றான் கொண்டக்டர்.

கொண்டக்டர்! வழிநடத்துபவர்! இந்த வழி நடத்துபவர்-கள் எல்லாருக்கும் பச்சையாகப் பார்க்கமுடியாதா? கட்டிம-றைத்துக் கடத்தத்தானா தெரியும்?

'பறுவாய் இல்லை. வழியட்டும், கொஞ்ச ரத்தம் வழிஞ்-சால் செத்துவிடமாட்டன்' என்றான் சோமு.

கொண்டக்டர் விழித்தான். அவனுக்குப் புரியவில்லை.

ஆனால் சோமுவுக்குத் தான் சொன்னதில் அர்த்தம் இருக்கிறது என்று நன்றாகப் புரிந்தது. கண்ணா மண்டையில் கசிந்த இரத்தத்தை கைவிரலால் தொட்டு அளையத் தொடங்கினான்.

0

உடலின் உடற்செல்களுக்குத் தேவையான எரிபொருளை (ஆக்சிஜன்) சுமந்து செல்பவை இரத்தமே. செல்களில்

உள்ள கழிவுகளை அகற்றுவதற்காக நுரையீரலுக்கு சுமந்து-
வரும் துப்புரவு பணியாளரும் இரத்தமே

Aவகை

Bவகை

ABவகை

Oவகை

நமது இரத்தத்தில் பிளாஸ்மா, சிவப்பணு, வெள்ளை-
யணு, இரத்தத்தட்டுக்கள் இவற்றுடன் சில ஆன்டிஜென்
(antigen), சில ஆன்டிபாடி (antibody) இவைகளும்
இருக்கின்றன. இவற்றின் அடிப்படையில் நம் இரத்தம்
வகைப்படுத்தப் படுகிறது.

இரத்தில் உள்ள ஹீமோகுளோபின் அதிகரிக்க, தினமும்
3 முறை இதை ஊற வைத்து சாப்பிடுங்க.

உடலுக்கு முக்கியமான தேவையாக இருப்பதும், உடல்
இயக்கங்கள் அனைத்தும் சரி வர இயங்க தேவையானது-
மாய் இருப்பதும் இரத்தம் தான். இந்த இரத்தம் உடலுக்கு
மிகவும் முக்கியமான ஒன்றாகும்..! ஆனால் பலருக்கு இந்த
இரத்தின் அளவானது 4-க்கு கீழ் எல்லாம் கூட இருக்கி-
றது...

முக்கியமாக கர்ப்பிணி பெண்களுக்கு இரத்தின் அளவா-
னது அதிகமாக இருக்க வேண்டியது மிகமிக அவசியமான
ஒன்றாகும். பல கர்ப்பிணி பெண்களை குறி வைத்து தாக்-
குவதே இந்த இரத்த சோகை தான்... ஹீமோகுளோபின்
அளவு உங்களது ரத்தத்தில் குறைந்தால், உங்களுக்கு
களைப்பு உடல் சோர்வு போன்ற பிரச்சனைகள் உண்டா-
கின்றன...

இந்த ஹீமோகுளோபின் அளவை நீங்கள் இயற்கையா-
கவும் மிகவும் எளிமையாகவும் தினசரி சாப்பிடும் உணவுக-
ளின் மூலமாகவே அதிகரிக்கலாம். இந்த பகுதியில் ஹீமோ-
குளோபின் அளவை அதிகரிக்கும் உணவுகளை பற்றி
காணலாம்.

அறிகுறிகள் - உடலில் அதிகமான அசதி. எந்த
செயலை செய்ய வேண்டுமானாலும், பிறகு செய்து கொள்-

ளலாம் என்று தள்ளிப்போடும் மனநிலை. உற்சாகமின்மை, எதிலும் ஆர்வமின்மை, உண்பதற்கு கூட எழுந்துபோய் உட்கார்ந்து உண்ண வேண்டுமே, என்று எண்ணத் தோன்-றும்! எப்பொழுது பார்த்தாலும் களைப்பு, தூங்கவேண்டும் போல் இருக்கும், ஆனால் படுத்தால் தூக்கம் வராது. தூக்-கம் வராததால் உடல் ஓய்வு பெறாமல் ஏற்படும் உடல் வலி, அதனால் ஏற்படும் அசதி. எழுந்து வேலை செய்ய சோம்-பேறித்தனம். இந்த நிலையில்தான் இன்று பலபேர் இருக்-கின்றனர்.

உடலின் செயல்பாடு - நமது உடல் அதற்கு தேவையான சத்துக்களை, நாம் உட்கொள்ளும் ஆகாரத்திலிருந்து பிரித்து எடுத்துக் கொள்ளுகிறது. எவ்வளவு சத்துக்கள், எந்தெந்த சத்துக்கள் தேவையோ, அந்த அளவு மட்டும் உறிஞ்சி எடுத்துக்கொண்டு, மீதி உள்ளவற்றை கழிவு பொருட்களாக உடலிருந்து வெளியேற்றி விடுகிறது. அதிகமான சத்துக்-களை நாம் உண்டாலும், அத்தனை அளவு சத்துக்களையும் உடல் ஏற்றுக்கொள்வதில்லை. மீதியை கழிவுப் பொருட்க-ளாக தள்ளிவிடுகிறது.

ஹீமோகுளோபின் அளவு - ரத்தத்தில் ஆண்களுக்கு ஹீமோகுளோபின் 14 - 18 கிராம் அளவிலும், பெண்-களுக்கு 12 - 16 கிராம் அளவிலும் இருக்கவேண்டும். 8 கிராம் அளவிற்கு கீழே குறையும் பொழுது, இரத்த சோகை என்ற நோயும், மற்ற தீவிரமான நோய்களும் வரு-வதற்கு சந்தர்ப்பங்கள் உருவாகின்றன. ரத்தத்தில் எவ்வளவு அளவு ஹீமோகுளோபின் இருக்கிறது என்பதை சோதனைச் சாலையில் ரத்தத்தை பரிசோதிக்கும் பொழுது தெரியவரும். ஹீமோகுளோபின் இருக்க வேண்டிய அளவிற்கு குறையும் பொழுது, உடல் மெலிந்து, களைப்பு, இயலாமை முதலியன ஏற்பட ஆரம்பிக்கின்றன.

1. கருப்பு உலர் திராட்சை - நாட்டு மருந்து கடைகளில் கருப்பு உலர்ந்த திராட்சை பழம் கிடைக்கும். அதனை வாங்கி, ஒரு டம்ளரில் தண்ணீர் நிறைய எடுத்துக் கொண்டு, அதில் முதல் நாள் மூன்று பழங்களை மாலை 6 மணிக்கு

நீரில் போட்டு இரவு முழுவதும் ஊறவிடுங்கள். காலையில் 6 மணிக்கு பல் துலக்கி விட்டு, காலை ஒரு பழத்தை தின்-றுவிட்டு, சிறிது பழம் ஊறிய நீரை குடியுங்கள். பிறகு மதி-யம் 12 மணிக்கு ஒரு பழத்தை தின்றுவிட்டு, சிறிது பழம் ஊறிய நீரை குடியுங்கள். மாலை 6 மணிக்கு கடைசியாக உள்ள பழத்தை தின்றுவிட்டு மீதியுள்ள நீரை குடியுங்கள். இது போன்று செய்து வந்தால் இரத்தம் அதிகரிக்கும்.

2. **போலிக் அமிலம்** - சிவப்பு இரத்த அணுக்களை உருவாக்க தேவையாக இருப்பது பி-காம்ப்ளக்ஸ் வைட்ட-மினான போலிக் அமிலமாகும். அதனால் போலிக் அமில குறைபாடு இருந்தால், ஹீமோகுளோபின் அளவு தானாகவே குறைந்து விடும். அதனால் போலிக் அமிலம் வளமையாக உள்ள பச்சை இல்லை காய்கறிகள், ஈரல், அரிசி சாதம், முளைத்த பயறு, காய்ந்த பீன்ஸ், கோதுமை, சத்தூட்டப்பட்ட தானியங்கள், கடலை, வாழைப்பழம் மற்றும் ப்ராக்கோலி போன்ற உணவுகளை உட்கொள்ளுங்கள்.

3. **பீட்ரூட்** - ஹீமோகுளோபின் அளவை அதிகரிக்க வைக்க பீட்ரூட் மிகுதியாக பரிந்துரைக்கப்படுகிறது. இரும்பு சத்து, போலிக் அமிலம், நார்ச்சத்து மற்றும் பொட்டாசியம் இதில் வளமையாக உள்ளது. இதிலுள்ள ஊட்டச்சத்துக்கள் உடலில் உள்ள சிவப்பு இரத்த அணுக்களின் எண்ணிக்-கையை அதிகரிக்க உதவும்.

4. **ஆப்பிள்** - தினமும் ஒரு ஆப்பிள் உட்கொண்டால் இயல்பான ஹீமோகுளோபின் அளவை பராமரிக்கலாம். ஆப்பிள்களில் இரும்புச்சத்துடன் சேர்த்து உடல்நலத்திற்கு நன்மையை அளிக்கும் பல பொருட்களை வளமையாக உள்ளது. தினமும் தோலுடன் கூடிய ஒரு ஆப்பிளை (முடிந்தால் கிரீன் ஆப்பிள்) கண்டிப்பாக உண்ணுங்கள்.

5. **இரும்புச்சத்து** - ஹீமோகுளோபின் அளவு குறைவாக இருப்பதற்கு இரும்புச்சத்து குறைபாடு ஒரு பொதுவான கார-ணமாக உள்ளது. ஹீமோகுளோபின் உற்பத்திக்கு இரும்புச்-சத்து ஒரு முக்கியமான பொருளாக விளங்குகிறது. ஈரல், சிகப்பு இறைச்சி, இறால், டோபு, கீரைகள், பாதாம், பேரிச்-

சம் பழம், பயறு, சத்தூட்டிய காலை உணவு தானியங்கள், கடல் சிப்பிகள் மற்றும் அஸ்பாரகஸ் போன்ற இரும்புச்சத்து நிறைந்த உணவுகளை உண்ணவும்.

6. **மாதுளை** - மாதுளைப்பழத்தில் இரும்புச்சத்து, கால்-சியம், புரதம், கார்போஹைட்ரேட்ஸ் மற்றும் நார்ச்சத்து உள்-ளது. இதிலுள்ள ஊட்டச்சத்துக்கள் இரத்தத்தில் உள்ள ஹீமோகுளோபின் அளவை அதிகரிக்கவும் ஆரோக்கியமான இரத்த ஓட்டத்தை மேம்படுத்தவும் உதவும்.

7. **உடற்பயிற்சி** - தினமும் சில உடற்பயிற்சிகளை செய்-திடுங்கள். நீங்கள் உடற்பயிற்சி செய்யும் போது, உடல் முழு-வதும் தேவையான ஆக்சிஜனை அதிகரிக்க உங்கள் உடல் அதிகமான அளவில் ஹீமோகுளோபினை உற்பத்தி செய்-யும். ஆகவே மிதமான அளவு முதல் கடினமான அளவு வரையிலான ஏரோபிக்ஸ் உடற்பயிற்சிகளை செய்ய பரிந்து-ரைக்கப்படுகிறது.

8. **வைட்டமின் சி** - வைட்டமின் சி குறைபாடு இருந்-தாலும் ஹீமோகுளோபின் அளவு குறையும். அதனை சீர்-செய்ய வைட்டமின் சி அதிகமாக உள்ள உணவுகளை உண்ணவும். வைட்டமின் சி வளமையாக உள்ள பப்பாளி, ஆரஞ்சுப் பழம், எலுமிச்சை, ஸ்ட்ராபெர்ரி, குடைமிளகாய், ப்ராக்கோலி, பப்ளிமாஸ், தக்காளி மற்றும் கீரைகள் போன்-றவற்றை உண்ணவும். அதிலும் மருத்துவரை கலந்தாலோ-சித்த பிறகு வைட்டமின் சி அடங்கியுள்ள மாத்திரைகளை-யும் உண்ணலாம்.

9. **கருப்பு சர்க்கரைப்பாகு** - இரத்த சோகையை எதிர்த்து போராடவும், ஹீமோகுளோபின் அளவை அதிகரிக்கவும் நாட்டு சிகிச்சையான சர்க்கரைப்பாகுவை பயன்படுத்தலாம். சர்க்கரைப்பாகுவில் இரும்புச்சத்து, போலேட் மற்றும் பல்-வேறு பி வைட்டமின்கள் அடங்கியுள்ளது. இது சிவப்பு இரத்த அணுக்களின் உற்பத்தியை அதிகரிக்க உதவும். 2 டீஸ்பூன் சர்க்கரைப்பாகுவை 2 டீஸ்பூன் ஆப்பிள் சிடர் வினீகர் நாற்றும் 1 கப் தண்ணீருடன் கலந்திடுங்கள். இதனை தினமும் ஒரு முறை குடியுங்கள்.

10. **பேரீச்சை** - 100 கிராம் பேரீச்சையில் 277 கலோரி-கள் உள்ளன; 0.90 மி.கி இரும்புச்சத்து இருக்கிறது. இரும்-புச்சத்து அதிகமாக இருப்பதால், நோய் எதிர்ப்பு சக்தியும் இதில் அதிகமாகக் கிடைக்கும். வைட்டமின் மற்றும் மினரல் நிறைந்த இந்தப் பழம் நரம்புத்தளர்ச்சியைப் போக்கும். கால்சியம் சிறிதளவு இருப்பதால் எலும்பு, பற்களுக்கு நல்லது. நார்ச்சத்து அதிகமாக இருப்பதால், மலச்சிக்கல் பிரச்னை தீரும். ஏகப்பட்ட சத்துகள் நிறைந்துள்ள இந்தப் பழம் ஒரு வரம்.

11. **தர்பூசணி** - தர்பூசணி புத்துணர்ச்சி, தரும் பழம் மட்-டுமல்ல... வெயில் காலத்துக்கு ஏற்றதும்; உடல்நலத்துக்குச் சிறந்ததும் கூட. இது, உடலில் உள்ள வெப்பத்தையும் ரத்-தஅழுத்தத்தையும் சரிசெய்யும். வைட்டமின் ஏ, தாதுக்கள், நார்ச்சத்து ஆகியவை அதிகமாக உள்ளன. 100 கிராம் தர்-பூசணியில் 90 சதவிகிதம் தண்ணீர், 7 சதவிகிதம் கார்போ-ஹைட்ரேட், 0.24 மில்லி கிராம் இரும்புச்சத்து உள்ளன. இதில் உள்ள லைகோபீன் என்ற சத்து சூரிய ஒளியிலிருந்து வரும் புறஊதாக் கதிர் வீச்சில் இருந்து நம்மைக் காப்பாற்-றும்.

12. **அத்திப்பழம்** - ஜீரண சக்திக்கு உதவுவது அத்-திப்பழம். நமக்குப் புத்துணர்ச்சியை தந்து நுரையீரலிலுள்ள அடைப்புகளை நீக்கும். தோல் தொடர்பான பிரச்னைகள் நீங்கும். இதில் கால்சியம் அதிகமாக இருக்கிறது. 100 கிராம் அத்திப்பழத்தில் இரண்டு மில்லி கிராம் இரும்புச்சத்து உள்ளது. இரும்புச்சத்து நிறைந்திருப்பதால், உடலில் ரத்த உற்பத்தி அதிகரிக்கும். இதில் உள்ள க்ளோரோஜெனிக் (chlorogenic) அமிலம் உடலில் உள்ள இன்சுலினை அதிகரிக்கச் செய்து, சர்க்கரையைக் குறைக்கும். நார்ச்சத்-தும் நிறைந்திருப்பதால், மலச்சிக்கல் பிரச்னைகளில் இருந்து விடுபடலாம். ரத்தப்போக்கைக் கட்டுபடுத்தும் வல்லமை-கொண்டது.

13. **கொய்யாப்பழம்** - கொய்யாப்பழத்தில் புரதம், கொழுப்பு மற்றும் மாவுச் சத்துகள் சிறிதளவே இருந்தாலும்,

நார்ச்சத்து, கால்சியம், பொட்டாசியம், இரும்புச்சத்து ஆகியவை அதிகமாக உள்ளன. 100 கிராம் கொய்யாவில் 210 மில்லி கிராம் வைட்டமின் சி உள்ளது. இரும்புச்சத்தை கிரகிக்க வைட்டமின் சி மிகவும் அவசியம். இதன் கலோரி அளவு 51. நார்ச்சத்து 5.2% இருக்கிறது. வைட்டமின் பி காம்ப்ளெக்ஸ் சிறிதளவு இருக்கிறது. 100 கிராம் கொய்யாவில் 0.27 மில்லி கிராம் இரும்புச்சத்து நிறைந்துள்ளதால் நோய் எதிர்ப்பு சக்தி அதிகரித்து, உடல் வலிமை பெறும். இதுவும் ஒரு வகையில் மலமிளக்கியாகச் செயல்படுகிறது. எனவே, குடல் சம்பந்தமான பிரச்னைகளைத் தவிர்க்கலாம்.

14. கடலை மிட்டாய் - நிலக்கடலையானது ஏழைகளின் முந்திரி என்றழைக்கப்படுகிறது. இது ஹீமோகுளோபின் அளவை அதிகரிக்கும். உடலை பலமாக்கும். பெண்களின் ஹார்மோன் வளர்ச்சியை இது சீராக்குகிறது. இதனால், அவர்களுக்கு மார்பகக் கட்டி ஏற்படுவதையும் தடுக்கிறது.

15. சத்துக்கள் - நிலக்கடலையில், போலிக் அமிலம், பாஸ்பரஸ், கால்சியம், பொட்டாசியம், துத்தநாகம், இரும்பு, வைட்டமின்கள் ஆகியவை நிலக்கடலையில் நிறைந்துள்ளன. நிலக்கடலையில் மாங்கனீஸ் சத்து நிறைய உள்ளது. நாம் உண்ணும் உணவில் இருந்து கால்சியம் நமது உடலுக்குக் கிடைக்கவும் பயன்படுகிறது.

16. பித்தப்பை கற்கள் வராமல் தடுக்க.. - குறிப்பாகப் பெண்கள் நிலக்கடலையைத் தொடர்ந்து சாப்பிட்டுவந்தால் எலும்புத்துளை நோய் வராமல் பாதுகாத்துக் கொள்ளலாம். நிலக்கடலையை நாள்தோறும் 30 கிராம் அளவுக்குச் சாப்பிட்டு வந்தால் பித்தப்பை கல் உருவாவதைத் தடுக்க முடியும்.

17. சாப்பிடாமல் இருக்க கூடாது - நீங்கள் வேலை அவசரத்தில் சாப்பிடாமலேயே சென்று விடும் பழக்கம் கொண்டவர்களாக இருந்தால், இந்த பழக்கத்தை நிறுத்திக் கொள்ளுங்கள். உணவை மட்டும் எக்காரணத்தைக் கொண்டும் தவிர்க்க வேண்டாம். முக்கியமாக காலை உணவை தவிர்க்காமல் இருப்பது நல்லது.

சிவப்பு இரத்த அணுக்கள்...

அளவின் அடிப்படையில், இரத்தத்தின் பாதி பிளாஸ்மா எனப்படும் திரவ பகுதியாகும். மீதமுள்ளவை சிறப்பு கூறு-களைக் கொண்டிருக்கின்றன. அவற்றில் முக்கியமானது சிவப்பு இரத்த அணுக்கள் (எரித்ரோசைட்டுகள் என அழைக்கப்படுகிறது). இவை உடல் முழுவதும் ஆக்ஸிஜன் மூலக்கூறுகளை கொண்டு செல்கின்றன, மேலும் இரத்தத்-திற்கு அதன் நிறத்தையும் தருகின்றன. (ஹீமோகுளோபினில் உள்ள புரதம், ஆக்ஸிஜனுடன் இணைந்தால் சிவப்பு நிற-மாக மாறும்).

மனித உடலில் உள்ள அனைத்து உயிரணுக்களையும் போலவே, இரத்த சிவப்பணுக்களும் ஒரு குறிப்பிட்ட இயக்க ஆயுளைக் கொண்டுள்ளன. அவை எலும்புகளின் மஜ்-ஜையினுள் உற்பத்தி செய்யப்படுகின்றன. அவை செயலற்ற நிலையில் விழுவதற்கு முன்பு சுமார் நான்கு மாதங்கள் வாழ்கின்றன. பின்னர் அவை மண்ணீரல் மற்றும் கல்லீர-லால் மீண்டும் உறிஞ்சப்பட்டு, கழிவுப்பொருட்கள் சிறுநீரில் உறிஞ்சப்படுகின்றன.

வெள்ளை இரத்த அணுக்கள்... - இது மனித இரத்-தத்தின் மற்ற முக்கிய உயிரணுக்களுடன் முரண்படுகிறது. தொழில்நுட்ப ரீதியாக லுகோசைட்டுகள் என அழைக்கப்ப-டும் வெள்ளை இரத்த அணுக்கள். இதேபோல் எலும்பு மஜ்-ஜையில் உற்பத்தி செய்யப்படுகிறது. அவை மூன்று அல்லது நான்கு நாட்களுக்கு மட்டுமே செயல்படுகின்றன. ஆனாலும் அவை தொற்றுநோய்களுக்கு எதிராக உடலைப் பாதுகாப்ப-தில் முக்கிய பங்கு வகிக்கின்றன.

வெள்ளை இரத்த அணுக்கள் பல வகைகளில் வருகின்றன, ஒவ்வொன்றும் வெவ்வேறு வகையான படையெடுப்பாளர் பாக்டீரியா, வைரஸ், பூஞ்சை அல்லது ஒட்டுண்ணியைக் கையாள வடிவமைக்கப்பட்டுள்ளன. இவற்றில் ஒன்று உடலுக்குள் நுழையும் போது, வெள்ளை இரத்த அணுக்கள் அதன் தன்மையை விரைவாகத் தீர்மானிக்கின்றன. பின்னர்,

ஒரு குறிப்பிட்ட வகையின் போதுமான எண்ணிக்கையைச் சேகரித்தபின், அவை தங்களைத் தாங்களே சண்டையில் ஈடுபடுத்தி நோயை எதிர்த்து போராடுகின்றன..

பிளேட்லெட்டுகள் – இரத்தத்தின் கடைசி முக்கிய கூறு பிளேட்லெட்டுகள். அவற்றின் தொழில்நுட்ப பெயர் த்ரோம்-போசைட்டுகள். அவை சிவப்பு மற்றும் வெள்ளை இரத்த அணுக்களை விட மிகச் சிறியவை.

இரத்த ஓட்டத்திலும் உறைவிலும் இவை முக்கிய இடம் பிடிக்கின்றன, மேலும் இது வெளிப்புற மற்றும் உள் காயங்-களை குணப்படுத்த வேண்டியது அவசியம். அவை எலும்பு மஜ்ஜையில் உற்பத்தி செய்யப்படுகின்றன, மேலும் வடி-வத்தை மாற்றுவதற்கான திறனைக் கொண்டுள்ளன.

இதன் எண்ணிக்கை இரத்தத்தில் சரியான அளவில் இருப்பது மிக முக்கியம். இவற்றின் எண்ணிக்கை குறைந்-தால் அதிக அளவில் இரத்த கசிவும் எண்ணிக்கை அதி-கரித்தால் இரத்த உட்புற உறைதல் ஏற்படும். இதனால் உடலின் சில பகுதிகளில் பாதிப்பு ஏற்படலாம். பக்கவாதம் மற்றும் மாரடைப்பு ஏற்படலாம்.

எந்த வகை ஆன்டிஜென் நம் இரத்தத்தில் இருக்கிறதோ, அதுவே நமது இரத்த வகையாகும். A வகை ஆன்டிஜென் இருந்தால் A வகை இரத்தம். B வகை ஆன்டிஜென் இருந்தால் B வகை இரத்தம். இரண்டும் இருந்தால் AB வகை இரத்தம். இரண்டும் இல்லையெனில், O வகை இரத்தம்.

எந்த வகை ஆன்டிஜென் நம் ரத்தத்தில் உள்ளதோ, அதன் எதிர் வகை ஆன்டிபாடி நம் ரத்தத்தில் இருக்கும். ஒரே வகை ஆன்டிஜென் மற்றும் ஆன்டிபாடி கலந்தால் ஒன்-றோடு ஒன்று ஒட்டிக்கொண்டு இரத்தத்தை உறையச் செய்து இரத்த ஓட்டத்தை நிறுத்தி விடும். இதனால்தான் இரத்த-வகை அறிந்து பரிமாற்றம் செய்வது அவசியமாகிறது.

பொதுவாக, O வகை இரத்தம் உள்ளவர்கள் யாருக்கு வேண்டுமானாலும் இரத்தம் கொடுக்கலாம் என்ற ஒரு

கருத்து உள்ளது. ஆனால், O+ உள்ளவர்கள் Rh -ve உள்ளவர்களுக்கு இரத்தம் தர முடியாது. மாறாக, O- உள்ளவர்கள் யாருக்கு வேண்டுமானாலும் இரத்தம் தர முடியும். இதற்கு காரணம் எந்த ஆண்டிஜென்னும் அவர்தம் இரத்தத்தில் இல்லாமல் இருப்பதே. இதே போல், AB+ வகை இரத்தம் யாரிடம் வேண்டுமானாலும் இரத்தம் வாங்கலாம். இதற்குக் காரணம் இவர்கள் இரத்தத்தில் எல்லா ஆண்டிஜென்களும் இருப்பதே.

சீனாவில் கொரோனா தாக்கியவர்களை வைத்து வுஹானில் இருக்கும் ஷோங்னான் மருத்துவமனை நிர்வாகம் முக்கியமான ஆராய்ச்சியை செய்துள்ளது.

கொரோனா வைரஸ்பாதிப்பு உறுதி செய்யப்பட்ட 2500 பேர் ஆய்வுக்கு உட்படுத்தப்பட்டனர். அவர்களின் உணவு பழக்கம், பணிகள், அன்றாட செயல்கள், ரத்த மாதிரி, முந்தைய நோய் தாக்குதல் என்று பல விஷயங்களை எடுத்துக்கொண்டு மருத்துவர்கள் ஆராய்ச்சி செய்துள்ளனர்.
இந்நிலையில் இந்தஆராய்ச்சியின் போது கொரோனா பாதித்த 2500 பேரில் 65 சதவீதம் பேர் 'ஏ' ரத்த வகையை சேர்ந்தவர்கள் என்று மருத்துவர்களால் கண்டறியப்பட்டுள்ளது.
அதாவது 'ஏ' பாசிட்டிவ், 'ஏ' நெகட்டிவ், 'ஏபி' பாசிட்டிவ், 'ஏபி' நெகட்டிவ் ஆகிய ரத்த மாதிரிகளை கொண்டவர்களைத்தான் இந்த வைரஸ் எளிதாக தாக்கி உள்ளது. இன்னொரு பக்கம் 'ஓ' பாசிட்டிவ், 'ஓபி' பாசிட்டிவ், ஓபி நெகட்டிவ் மற்றும் 'ஓ' நெகட்டிவ் வகை ரத்தம் கொண்டவர்களுக்கு குறைவாக தாக்கியுள்ளது தெரியவந்துள்ளது.
'ஓ' வகை ரத்தம் கொண்டவர்களை இந்த வைரஸ் தாக்காது என்பதுஇதன் அர்த்தமல்ல, அவர்கள் கொரோனா வைரஸ் தாக்குதலுக்குஆளாகும் விகிதம் குறைவாக உள்ளது. ஆனால் 'ஏ' வகை ரத்தம் கொண்டவர்கள் மிக எளிதாக வைரஸ் தாக்குதலுக்கு உள்ளாகிறார்கள். இவர்கள் அதிக கவனமாக இருக்க வேண்டும் என்று மருத்துவர்கள் தெரிவித்துள்ளனர்.

இதற்கு முன் சார்ஸ் நோய் வந்த போதும் அந்த வைரஸ் அதிகமாக 'ஏ' வகை ரத்தம் கொண்டவர்களைத்தான் தாக்-கியது. அதுவும் கொரோனா குடும்பத்தை சேர்ந்த வைரஸ் என்பதால் 'ஏ' ரத்த வகை கொண்டவர்கள் கூடுதல் கவனத்-துடன் இருக்க வேண்டும் என்று மருத்துவர்கள் எச்சரித்துள்-ளனர்.

இரத்தத்தின் நிறம் ஏன் சிவப்பாக உள்ளது?

ரத்தத்தில் உள்ள சிவப்பு அணுக்களின் உள்ளே "ஹீமோகுளோபின்" என்ற வேதிப் பொருள் உள்ளது. இந்த வேதிப் பொருள் தான் ரத்தத்துக்கு சிவப்பு நிறத்தைக் கொடுக்கிறது. ஹீமோகுளோபின்தான் உடலில் உள்ள அனைத்துச் செல்களுக்கும் ஆக்சிஜனை எடுத்துச் செல்கி-றது. ரத்தத்தில் ஹீமோகுளோபின் எண்ணிக்கை குறைந்தால் ரத்த சோகை நோய் ஏற்படும். ரத்த சோகை, ரத்த இழப்பு ஏற்படும்போது ரத்த சிவப்பு அணுக்களைச் செலுத்துவார்கள்.

ரத்த சிவப்பு அணுக்களின் எண்ணிக்கை எவ்வளவு?

ஒரு சொட்டு ரத்தத்தில் 55 லட்சம் ரத்த சிவப்பு அணுக்-கள் இருக்கும். அதாவது சென்னையின் மக்கள் தொகைக்கு ஏறக்குறைய இணையான அளவுக்கு இருக்கும்.

ரத்த சிவப்பு அணுக்கள் உற்பத்தியாகும் இடம் எது?

எலும்புகளுக்கு நடுவில் வெற்றிடம் இருக்கும். இந்த வெற்றிடத்தைச் சுற்றி எலும்பு மஜ்ஜை இருக்கும். எலும்பு மஜ்ஜையில் ரத்த சிவப்பு அணுக்கள், வெள்ளை அணுக்-கள், பிளேட்லட்டுகள் உற்பத்தியாகின்றன.

ரத்த சிவப்பு அணுகளின் ஆயுள் எவ்வளவு?

ரத்தச் சிவப்பு அணுக்களின் ஆயுள் நான்கு மாதங்கள். ரத்தச் சிவப்பு அணுக்களின் முக்கிய வேதிப் பொருளான ஹீமோகுளோபின் உற்பத்திக்கு இரும்புச் சத்து தேவை. கீரைகள், முட்டைக் கோஸ், முட்டை, இறைச்சி ஆகியவற்-றில் இரும்புச் சத்து அதிகம். இவற்றை உணவில் தினமும் சேர்த்துக் கொண்டால் ரத்த சோகை வராது.

ரத்த வெள்ளை அணுக்களின் வேலை என்ன?

ரத்த வெள்ளை அணுக்களை படைவீரர்கள் என்று அழைக்கலாம். ஏனெனில் உடலுக்குள் நுழையும் நோய்க் கிருமிகளை முதலில் எதிர்த்துப் போராடுபவை ரத்த வெள்ளை அணுக்களே. இவை நோய் எதிர்ப்புச் சக்தியின் முக்கிய ஆதாரம்.

ரத்தத்தில் உள்ள "பிளேட்லட்" அணுக்களின் வேலை என்ன?

உடலில் காயம் ஏற்பட்டவுடன் ரத்தம் வெளியேறுவதை இயற்கையாகவே தடுக்கும் சக்தி "பிளேட்லட்" அணுக்களுக்கு உண்டு. ரத்தம் வெளியேறும் இடத்தைச் சுற்றி "கார்க்" போல் அடைப்பை ஏற்படுத்தி மேலும் ரத்தக் கசிவை இவை தடுத்துவிடும். டெங்கு, கடும் மலேரியா காய்ச்சலால் பாதிக்கப்படும் நோயாளிகளுக்கு இந்த பிளேட்டலட் அணுக்களை உடலில் செலுத்துவார்கள்

பிளாஸ்மா என்றால் என்ன?

ரத்தத்தில் உள்ள திரவப் பொருள்தான் பிளாஸ்மா. 100 மில்லி லிட்டர் ரத்தத்தில் சுமார் 50 சதவீத அளவுக்கு பிளாஸ்மாவும் 40 சதவீத அளவுக்கு ரத்த சிவப்பு அணுக்களும் இருக்கும். மற்ற அணுக்கள் 10 சதவீதம் இருக்கும். பிளாஸ்மாவில் தண்ணீர். வைட்டமின்கள், தாதுப்பொருள்கள், ரத்தத்ததை உறைய வைக்கக்கூடிய காரணிகள், புரதப் பொருள்கள் இருக்கும். தீக்காயங்களால் பாதிக்கப்படும் நோயாளிகளுக்கு பிளாஸ்மாவை மட்டும் செலுத்துவார்கள்.

ரத்தத்தில் உள்ள பொருள்கள் யாவை?

ரத்த சிவப்பு அணுக்கள், ரத்த வெள்ளை அணுக்கள், பிளேட்லட்டுகள் என ரத்தத்தில் மூன்று வகையான அணுக்கள் உள்ளன. இவை தவிர திரவ நிலையில் "பிளாஸ்மா" என்ற பொருளும் உள்ளது.

ரத்த அழுத்தம் என்றால் என்ன?

உடலின் எல்லா உறுப்புகளுக்கும் ரத்தத்தை இதயம் 'பம்ப்' செய்யும் போது ஏற்படும் அழுத்தமே ரத்த அழுத்தம். இதயத்திலிருந்து ஒரு நிமிஷத்துக்கு ஐந்து லிட்டர் ரத்தம்

எல்லா உறுப்புகளுக்கும் செல்கிறது. இப்பணியைச் செய்யும் இதயத் தசைகளுக்கு மட்டும் ஒரு நிமிஷத்துக்கு 250 மில்லி லிட்டர் ரத்தம் தேவை.

உடலில் ரத்த பயணம் செய்யும் தூரம் எவ்வளவு தெரி-யுமா?

ஒரு சுழற்சியில் ரத்தம் பயணம் செய்யும் தூரம் ஒரு லட்-சத்து 19 ஆயிரம் கிலோ மீட்டர்! ரத்தக் குழாய்களுக்குள் செலுத்தும்போது, அதன் வேகம் மணிக்கு 65 கிலோமீட்டர்! மோட்டார் சைக்கிளின் சராசரி வேகத்தை விட அதிகம்.

மாத்திரை சாப்பிட்டவுடன் தலைவலி அல்லது கால் வலியிலிருந்து நிவாரணம் கிடைப்பது எப்படி?

மாத்திரை சாப்பிட்டவுடன், அதில் உள்ள மருந்துப் பொருள் ரத்தம் மூலம் வலி உள்ள இடத்துக்குப் பயணம் செய்கிறது. வலியிலிருந்து நிவாரணம் கிடைக்கிறது.

நம் உடல் உறுப்புகளின் இயக்கத்திற்கு தேவையான ஆற்றலை தருவது ரத்தம். ஒவ்வொரு உறுப்புக்கும் ரத்தம் சீராகச் சென்றடையாவிட்டால் உறுப்பு முடக்கம் உள்பட பல்வேறு பாதிப்புகள் ஏற்படும். நம் உடலுக்கு அத்தியாவசி-யப் பொருளாக இருக்கும் ரத்தம் பற்றிய பார்ப்போம்..

ரத்தத்தில் உள்ள பொருட்கள்: ரத்த சிவப்பு அணுக்கள், ரத்த வெள்ளை அணுக்கள், பிளேட்லெட்டுகள் என ரத்தத்-தில் மூன்று வகையான அணுக்கள் உள்ளன. அவை தவிர, திரவ நிலையில், 'பிளாஸ்மா' என்ற பொருளும் உள்ளது.

உற்பத்தியாகும் இடம்: எலும்புகளுக்கு நடுவில் வெற்றிடம் இருக்கும். அந்த வெற்றிடத்தைச் சுற்றி, எலும்பு மஜ்ஜை இருக்கும். எலும்பு மஜ்ஜையில் ரத்த சிவப்பு அணுக்கள், வெள்ளை அணுக்கள், 'பிளேட்லெட்'கள் உற்பத்தியா-கின்றன.

சிவப்பு நிறம் ஏன்?: ரத்த சிவப்பு அணுக் களின் உள்ளே; 'ஹீமோகுளோபின்' என்ற வேதிப்பொருள் உள்ளது. அது-தான், ரத்தத்திற்கு சிவப்பு நிறத்தைக் கொடுக்கிறது.

ஹீமோகுளோபின் பணி: இது உடலில் உள்ள அனைத்து செல்களுக்கும், ஆக்சிஜனை எடுத்துச் செல்கிறது. ரத்தத்தில்

ஹீமோகுளோபின் எண்ணிக்கை குறைந்தால், ரத்த சோகை நோய் ஏற்படும். ரத்த சோகை, ரத்த இழப்பு ஏற்படும்போது, ரத்த சிவப்பு அணுக் களைச் செலுத்துவர்.

ரத்தத்தின் வகைகள்: ரத்தம் என்பது பொதுவாக 4 வகைப்-படும். அதாவது ஏ, பி, ஓ, ஏபி ஆகும். இந்த 4 வகை-களில் மனிதன் ஏதாவது ஒரு வகையாகத்தான் இருப்பான். அதிலும் ஏ பாசிடிவ், ஏ நெகடிவ், பி பாசிடிவ், பி நெக-டிவ், ஓ பாசிடிவ், ஓ நெகடிவ், ஏபி பாசிடிவ், ஏபி நெகடிவ் ஆகிய ரத்த அமைப்புகள் உள்ளன.

ரத்த அணுக்களின் வேலை: ரத்த வெள்ளை அணுக்களை, 'படை வீரர்கள்' என்று அழைப்பர். ஏனெனில், உடலுக்குள் நுழையும் நோய்க்கிருமிகளை எதிர்த்து போராடுபவை, ரத்த வெள்ளை அணுக்களே.

ரத்தத்தில் உள்ள, 'பிளேட்லெட்' அணுக்கள், உடலில் காயம் ஏற்பட்டவுடன், ரத்தம் வெளியேறுவதை இயற்கையாகவே தடுக்கும் அமைப்பாக செயல்படுகிறது. உடல் செல்களுக்கு ஆக்சிஜனை கொண்டு சேர்ப்பதும், கார்பன்டைஆக்சைடு வாயுவை சுமந்து சென்று வெளியேற்றுவதும் சிவப்பு செல்க-ளின் பணியாகும்.

ரத்த ஓட்டம்: உடலில் ரத்த ஓட்டம் சீராக இல்லையெனில், சிறுநீரகப் பிரச்சினை, உயர் ரத்த அழுத்தம், நரம்பு வீக்கம் போன்ற பிரச்சினைகள் ஏற்படும். நல்ல உணவுகளை சாப்பி-டுவது, உடற்பயிற்சி செய்வது போன்ற சில வழிமுறைகளைப் பின்பற்றினால், ரத்த ஓட்டத்தை அதிகரிக்கலாம் என்கிறார்-கள் மருத்துவர்கள்.

'பிளாஸ்மா' என்றால் என்ன?: ரத்தத்தில் உள்ள திரவப் பொருள்தான் பிளாஸ்மா. 100 மில்லி லிட்டர் ரத்தத்தில், 50 சதவீதம் பிளாஸ்மாவும், 40 சதவீதம் ரத்த சிவப்பு அணுக்-களும் உள்ளன. மற்ற அணுக்கள், 10 சதவீதம் இருக்கும். பிளாஸ்மாவில், தண்ணீர், வைட்டமின்கள், தாதுப் பொருட்-கள், ரத்தத்தை உறைய வைக்கக்கூடிய காரணிகள், புரதப் பொருட்களும் இருக்கின்றன.

ரத்த அழுத்தம் என்பது என்ன?: உடலின் எல்லா உறுப்புக-

ளுக்கும், ரத்தத்தை இதயம், 'பம்ப்' செய்யும்போது ஏற்படும் அழுத்தமே, ரத்த அழுத்தம். இதயத்திலிருந்து நிமிடத்திற்கு, ஐந்து லிட்டர் ரத்தம், எல்லா உறுப்புகளுக்கும் செல்கிறது.

உடலில் ரத்தம் பயணம் செய்யும் தூரம்: ஒரு சுழற்சியில் ரத்தம் பயணம் செய்யும் தொலைவு, ஒரு லட்சத்து, 19 ஆயிரம் கி.மீ. தூரத்திற்கு சமமாகும். ரத்தக் குழாய்களுக்குள் செல்லும்போது, அதன் வேகம் மணிக்கு, 65 கி.மீ., மோட்டார் சைக்கிளின் சராசரி வேகத்தை விட அதிகமாகும்.